常識としての
線 形 代 数

安藤四郎 著

現代数学社

前　書　き

線形代数は，理工系はもちろん経済，経営など広い分野で用いられ，その美しい理論は，科学に携わる人々の基本的教養になっている．コンピュータの発達とともにさらにその重要性が増しているので，仕事に直接関係のない場合にも，これがどんなものか知ることは，現代人の常識として望ましい．

この本は，線形代数を学んだことがない人が，これがどんなものかという常識を手軽に身につけられることを第1の目標に，また，テキストで計算法は一応理解したが，理論には親しめなかったという人に，実感をもってとらえてもらうことを第2の目標として書いた．そのため，証明を特殊な場合に限ったところや，後にまわしたところもある．この理論に興味をもった方や実際に応用される方は，この本で得た予備知識をもとに，より専門的な本に進んでいただきたい．

前著「これだけは知っておこう線形代数」も，線形代数を専門的でなく常識として学ぶための本として書いたが，十数年を経て，線形代数に関する社会的環境も，中等教育の背景も変わったので，第0章を追加し多少の修正をして，あらためて世に出すことにした．

線形代数の入門書は，大学初学年生用テキストから，もう少し程度が高く特色のあるものまで，和書だけでもおびただしい数にのぼるが，あえてこの本を書いたのは，普通のテキストとは違う，くだいた説明をしたかったからである．本の性格から，参考にしたものも含め，文献はすべて省略した．

この本を企画し，著書の意図を実現して下さった，現代数学社の富田栄氏に心から謝意を表したい．

2007年10月　安藤　四郎

目　次

前　書　き

第０章　朝靄は間もなく晴れる（学び始めに） ………………………… *1*

１．とにかく始めよう　*1*　　２．自学はマイペースで　*1*

３．モデルに当てはめ実感をつかむ　*3*　　４．用語の使い方に注意しよう　*4*

第１章　見えるベクトル・見えないベクトル（線形空間） ………… *7*

１．線形代数とは　*7*　　２．線形空間　*7*

３．４次元の線形空間　*10*　　４．高次元空間と無限次元空間　*14*

５．数ベクトル空間における長さと角　*15*　　練習問題　*17*

第２章　比例定数は行列の芽（線形写像） ………………………… *19*

１．比例関係　*19*　　２．平面ベクトルの一次変換　*20*

３．一般の線形写像　*24*　　４．空間における線形写像の例　*27*

５．線形近似　*29*　　練習問題　*31*

第３章　線形写像も数のうち（行列の演算） ……………………… *33*

１．写像としての実数　*33*　　２．線形写像と行列の演算　*35*

３．一般の行列の演算　*37*　　４．数と行列の類似点と相違点　*40*

５．行列の転置　*42*　　６．行変形と列変形　*43*

練習問題　*45*

第４章　写像の大きさ測ってみよう（１次変換と行列式） ………… *49*

１．１次変換の大きさ　*49*　　２．１次変換による面積の倍率　*50*

３．空間の１次変換による体積の倍率　*53*　　４．４次以上の行列式　*56*

５．空間ベクトルの外積　*59*　　練習問題　*60*

第５章　器具を使うにゃ使用書読もう（行列式の性質） ………… *63*

１．行列式の基本性質　*63*　　２．余因数　*66*

３．行列式の計算　*67*　　４．４次以上の行列式の性質　*71*

練習問題　*75*

第６章　縦横に使いこなそう行列式（行列式の応用） ……………… *77*

１．２次の行列式と連立１次方程式　*77*　　２．３元連立１次方程式　*80*

３．クラメルの公式　*81*　　４．消去の定理　*86*

練習問題　*89*

第7章　カッコイイばかりが能じゃない（掃き出し法） ……………………… *91*

1．合成変換と行列式　*91*　2．逆行列　*93*
3．掃き出し法　*97*　4．逆行列の計算　*100*
5．行列式の積公式の証明　*101*　練習問題　*103*

第8章　むだをはぶいて本質つかめ（行列のランク） …………………………*105*

1．解がない方程式と沢山ある方程式　*105*
2．むだな式・むだなベクトル　*107*
3．1次独立・1次従属　*110*　4．行列のランク　*113*
5．一般の連立1次方程式　*115*　練習問題　*117*

第9章　仲間を集めて代表選ぶ（正方行列の固有値） ……………………… *119*

1．対称移動を表す行列　*119*　2．直交変換と直交行列　*122*
3．基底の変換と行列の対角化　*124*　4．固有値と固有ベクトル　*126*
5．対角化できない行列　*130*　練習問題　*132*

第10章　時には行列がひとりで歩く（2次形式） …………………………… *133*

1．1次変換からの脱皮　*133*　2．2次曲線の例　*135*
3．2次形式と対称行列　*137*　4．対称行列の固有値と固有ベクトル　*140*
5．2次形式の標準形　*144*　練習問題　*146*

第11章　基本の証明ソロソロ行こう（基本性質の証明） …………………… *147*

1．急がばまわれ　*147*　2．$\boldsymbol{R}^n$ の標準基底　*149*
3．次元の定義　*152*　4．行列のランクの性質　*153*
5．固有値の性質　*156*　練習問題　*158*

第12章　もっと行列をもっと自由に（行列の拡張と応用） ………………… *161*

1．行列のいろいろな発展　*161*　2．行列の多項式　*163*
3．行列の数列と級数　*165*　4．複素ベクトルと複素行列　*168*
5．（0，1）行列　*171*　練習問題　*173*

ヒントと答 ……………………………………………………………………… *175*
索　　引 ……………………………………………………………………… *185*

第 0 章　学び始めに

朝靄は間もなく晴れる

1．とにかく始めよう

数学を勉強する場合，数の計算をし，図形の性質を調べ，または，数式を扱うなど，それぞれの数学の範囲で，新しい定理や知らない応用について学び，あるいは，それらに関する問題を解くことは，やさしくはなくても，根気があれば戸惑うことはない．ところが，算数を勉強した人が，文字を含む多項式を扱う代数を学び，さらに，三角関数，微分積分，に進むときは，単に難しいのとは違った期待と，一方気後れを感じるものである．私も先輩や大人がこれらの言葉を話しているとき，それはどんな高級な世界なのだろうかと思った．学校で友達と一緒に学ばなければならない場合は，それで数学嫌いになりさえしなければよいのだが，自分でそれを勉強する場合はもっと勇気がいる．海，湖や積雪と無縁な土地で育った内気な子が，初めて水に入り，あるいはスケートやスキーに挑戦するときのようで，好奇心が恐怖心に打ち勝てばよいが，何か契機がないとなかなか始められない．でも，何事も始めなければ始まらない．面倒がらずにとにかく始めよう．きっと，理解できる数学の範囲が一段と広がることと思う．

2．自学はマイペースで

授業で使うテキストではない，このような数学の本を自分で読むのは初めての人もあると思う．授業と自学の違いは，映画を映画館で観るのとビデオで観るのとの違いのように，それぞれの長所と短所がある．映画館の大画面，大音響から受ける感銘はビデオでは味わえないし，友達と一緒に行けば印象に残るうちに語り合うこともできる．一人でビデオを観るときには，途中で用事をすることもできるし，見落としたところを前に戻って確かめられるという利点もある．

授業では，一定時間内にその時間の目標を学習できる．ある程度の疑問点は先生や友達に聞けるが，ゆっくり考えている暇がないので，分らないまま先に進んでしまい，テストで悲惨な目に会うこともある．自学の場合は強制されないので，学習速度は保障されない代りに，自分が納得できるテンポで進むことができる．この本で勉強する人は，そのような自学の利点を生かして，マイペースで進んでもらいたい．

ここで言うテンポが納得できる，あるいは，自分に適しているとは，必ずしも，一段階ずつ完全に理解することを意味しない．試験のための勉強ではないから，正確に理解しておきたいと思う箇所には時間をかけ，そうでないところは読み飛ばすのも一法である．先に進んでからその知識が必要になったら，前に戻って読み直せばよい．はじめはよく分らなかったところが，後から読むと意外に簡単に分ることもある．数学は知識の単なる寄せ集めではなく，理論を順に発展させるので，前の段階が分らなければ次に進めないとよく言われる，教科書で勉強するときなど確かにそういう部分もあるが，すべてがそうなっているわけではないし，ある部分の分り方の程度もいろいろである．一段階ずつ完全にマスターして進むのももちろんよいが，それは各自の性格や勉強する目的の問題で，どうしなければならないということではない．

第1章から第12章まで関連はあるが，必ずしもこの順に読まなければならないわけではない．普通の教科書よりは各章が比較的独立にまとめてあるので，いくつかを拾い読みするのもよいと思う．いずれにしても，上に述べたような自学の利点を生かす読み方を工夫して，この本に取り組んでもらいたい．

3．モデルに当てはめ実感をつかむ

数学の本を読んでいると，書いてあることが間違っていないことは確かだが，何のために何をやろうとしているのかすっきりしないというようなことがよく起こる．定理の証明にしても，理論の各段階は正しいことをチェックしても，定理の意味に実感が湧かないことがある．そういうときには，その説明なり証明なりを自分の知っている簡単な実例に当てはめて考えるとよい．つまり，理論的説明を追うと同時に具体例を調べる習慣をつけてもらいたい．

もっと入り口で，記号や用語でつまずくと先へ進めない．第1章のはじめから，あまり使い慣れていない読者がいることを承知で，$\in$や$\Rightarrow$の記号を使ったのは，便利な記号には慣れてもらいたいからだ．第1章2．線形空間の2行目で，ベクトルについて説明なしに，いきなり「数直線上のベクトル全体を考えよう」とある．ここでいうベクトルは長さと方向をもった量の意味で，数直線を一つ定めてその上の向きのある線分を考えればよい．線分の長さと向きが同じなら，その数直線上どの位置にあってもベクトルとしては同じものとして考える．ベクトル$\boldsymbol{x}$の始点を数直線上の原点Oにとり，有向線分$\overrightarrow{\mathrm{OP}}$で表すと，$\boldsymbol{x}$にPの座標$x$が対応する．逆に，実数$x \neq 0$を座標にもつ点Pに$\overrightarrow{\mathrm{OP}}$の表すベクトル$\boldsymbol{x}$が対応する．$x=0$のときはPがOに一致してしまうから，$\boldsymbol{x}$は上に述べた「長さと方向をもった量」の意味のベクトルではないが，零ベクトルまたはゼロベクトルと呼んで，仲間に入れることにする．図形的には，長さが0で向きはないと考える．これを含めて，いま考えている数直線上のベクトル全体をVで表し，$\boldsymbol{x}$がこの数直線上のベクトルであることを$\boldsymbol{x}\in V$と表すことにする，これは，「$\boldsymbol{x}$はVの要素である」または「$\boldsymbol{x}$がVに属する」ということを記号で表したもので，使い慣れると便利である．実数の全体を$\boldsymbol{R}$で表すことにすると，kが実数であることは$k\in\boldsymbol{R}$と表される．kの絶対値を$|k|$とするとき，長さが$\boldsymbol{x}$の長さの$|k|$倍で，向きは$k>0$ならば$\boldsymbol{x}$と同じ，$k<0$ならば$\boldsymbol{x}$と逆向きのベクトルを$k\boldsymbol{x}$で表すと，これも同じ数直線上のベクトルになる．このことを，記号を用いて

$$k\in\boldsymbol{R},\ \boldsymbol{x}\in V\Rightarrow k\boldsymbol{x}\in V \qquad \text{第1章(2)}$$

と記す．この式は，kが実数で，$\boldsymbol{x}$がある数直線上のベクトルならば、$k\boldsymbol{x}$も

その数直線上のベクトルとなることを表す．慣れない人は，はじめ機械的に $\in \boldsymbol{R}$ を「が $\boldsymbol{R}$ に属す」で，$\in \boldsymbol{V}$ を「が $\boldsymbol{V}$ に属す」で，また，$\Rightarrow$ を「ならば」で置き換え，それを少し修正してできる文「$\boldsymbol{k}$ が $\boldsymbol{R}$ に属し，$\boldsymbol{x}$ が $\boldsymbol{V}$ に属すならば $\boldsymbol{kx}$ は $\boldsymbol{V}$ に属す」を書いてみるとよい．第1章2．線形空間のところで，（$\Rightarrow$ は「ならば」と読む）という注を書いたのはこの意味であり，数学の記号は板書で説明するときは便宜上読むが，自分で本を見て考えるときには，実はあまり読まない．慣れれば，$\boldsymbol{k}\in\boldsymbol{R}$ を「$\boldsymbol{k}$ が $\boldsymbol{R}$ に属す」などと読み換えずに，目で見て直接「$\boldsymbol{k}$ が実数」と理解できる．

ところで，理論を勉強するとき，その説明なり証明なりを自分の知っている簡単な実例に当てはめて考えるとよいと言ったが，あまりに簡単過ぎる例は特殊になって，適当でないこともある．実際，ここで $\boldsymbol{V}$ が線形空間のもう一つの大事な性質

$$\boldsymbol{x}_1\in V,\ \boldsymbol{x}_2\in V,\ \Rightarrow \boldsymbol{x}_1+\boldsymbol{x}_2\in V \qquad \text{第1章(1)}$$

をもつことを述べたいが，$\boldsymbol{V}$ におけるベクトルの和 $\boldsymbol{x}_1+\boldsymbol{x}_2$ を定義しなければならない．$\boldsymbol{x}_1$ に $\boldsymbol{x}_2$ を継ぎ足したものとでも言えば簡単だが，正確に述べるのは，難しくはないが面倒だ．ここでは，例として，物理（力学）で使う，長さと方向をもつベクトルを考えているのだから，$\boldsymbol{V}$ がある数直線上のベクトル全体のときよりも，ある座標平面上のベクトル（に零ベクトルを含めたもの）のときの方が親しみやすい．

線形空間でも線形写像でも，例としては平面上のベクトルを考えるのがよいと思う．

4．用語の使い方に注意しよう

数学では，一つの対象の定義は一通りにきまっていて，一つの用語はいつも同じ概念を表すと思うかも知れない．初等教育では生徒が混乱しないようにほぼ統一されているが，そう決めるのがおおむね具合よいからで，絶対というわけではない．たとえば，平行四辺形の定義は「二組の対辺がそれぞれ平行な四辺形」であるが，「二組の対辺の長さがそれぞれ等しい四辺形」と言うこともできる．それは性質であって定義ではないと言うかもしれないが，

ただそう決めただけのことである．実際，ひし形を導入するには後者からの方が自然である．これは同じ対象をどう定義するかの問題であったが，同じ用語が少し違った概念を表す例として，「台形」を挙げよう．台形は「一組の対辺が平行な四辺形」に決まっていると言うでしょう．しかし，「一組の対辺だけが平行な四辺形」とする，つまり平行四辺形を除外することがないわけではない．そんなことはありえないと思うだろうが，三角形（2次元錐体）を底辺に平行な直線で二つに分けたとき，底辺を含む側の図形が台形だと考えればこうなるし，この方が等脚台形など定義しやすい．

線形代数の本では，これら2種類の違いがよく現れるので，他の本で勉強したことのある人は，この本を読んで「おや」と思うところがあるかもしれない．それは，どの二つの本についても言えることだろう．中等教育の平面ベクトルでも，図形的に導入するほか，成分を用いて定義することもある．行列も，写像の表現を重視する立場や，演算を主体にする場合など，扱い方にもかなり違いがある．

上に述べた，ある数直線上のベクトル全体や，ある座標平面上のベクトル全体を考えるとき，零ベクトルを仲間に入れたのは，長さと方向をもつ量という観念にとらわれると妙に感じると思うが，これを入れないと第1章(1)，(2)が成り立たないということの方が大事で，長さと方向をもつ量だけを一つの仲間にして，それ以外のもは除外すべきだという必然性はない．

第2章2．平面ベクトルの1次変換の例2（iii）（24ページ）で平面ベクトルの$\boldsymbol{x}$軸への正射影を扱った．写像されたものが平面ベクトルの空間全体でないときに1次変換と言うのは一般的ではないかもしれないが，ここではある平面ベクトルの空間から同じ平面ベクトルの空間の中への1次写像の意味で仲間に入れた．ところで，正射影という言葉は，垂直に射影して得られる線分を表すことが多いが，ここでは線分でなくベクトルを表し，しかも$\boldsymbol{x}$軸上のベクトルではなく，それを平面上のベクトルと考えたものを表している．そこで，平面ベクトル$\begin{pmatrix} x_1 \\ x_2 \end{pmatrix}$が$(x_1)$でなく$\begin{pmatrix} x_1 \\ 0 \end{pmatrix}$に写像されることになる．$\boldsymbol{x}$軸への正射影の場合はうっかりするかもしれないが，練習問題2の2．(3)，5．(4)のように，座標軸に平行でない直線へ正射影する場合，正射影されたベクトルをどの平面あるいは空間のベクトルと考えるかに注意する必要がある.

蛇足はこのくらいにして，本章に進もう．後でいま述べたことに思い当たる場合があるかもしれない.

第 1 章　線形空間

見えるベクトル・見えないベクトル

1．線形代数とは

富士山へ登るときも，動物園へパンダを見に行くときも，行ってみなければ本当のところは分らないにしても，これから見ようとするものがどんなものかは大よそ分っている．学問にしても，生物や化学の場合には，勉強する対象が分っているために興味が湧いてくる場合が多いが，数学の場合は，霧の中を歩いているように，いま学習していることが分っても，それが何のためで，どこに行きつくのか分らない場合が多い．

「線形代数」という目新しい言葉が出て来て，線，形，代数という個々の言葉は分っていても，それを結びつけたものが何を表しているのか分らない．線形代数とは，線形空間の線形写像を扱う代数であると言ってみても，分らない言葉を別の分らない言葉で置き換えたに過ぎない．そこで，詳しい説明はもう少し話が進むまで控えて，ここでは，簡単な例によってイメージをつかむことにしよう．

2．線形空間

ただ1つの要素 $\mathbf{0}$ だけから成る線形空間も考えられるが，それはつまらないから，数直線上の**ベクトル**全体を考えよう．始点を原点に固定すれば，ベクトルに数直線上の点，あるいはその座標が対応するから，この場合には実数全体の集合 $\boldsymbol{R}$ を考えるのと同じになる．図1で，ベクトル $\overrightarrow{\mathrm{OP}}$ を1つの

文字 $\boldsymbol{x}$ で表すと，対応は

ベクトル $\boldsymbol{x}$ → 点P → 座標 x

となる．

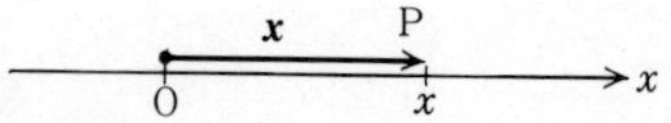

図1

この対応で，ベクトル $\boldsymbol{x}$ の**スカラー**倍，つまり実数 k をかけたものには座標 kx が対応し，2つのベクトル $\boldsymbol{x}_1$，$\boldsymbol{x}_2$ の和には，それらの座標 x_1 と x_2 の和 x_1+x_2 が対応する．

ベクトルの特長が出るのは2次元以上のベクトルの場合である．座標平面上のベクトルの全体を V で表すと，V のベクトルに対して加法と，実数をかける演算であるスカラー倍が定義されて，

$$\boldsymbol{x}_1,\ \boldsymbol{x}_2 \in V \Rightarrow \boldsymbol{x}_1+\boldsymbol{x}_2 \in V \tag{1}$$

$$\boldsymbol{x} \in V,\ k \in \boldsymbol{R} \Rightarrow k\boldsymbol{x} \in V \tag{2}$$

となっている（⇒は「ならば」と読む）．

V のベクトル $\boldsymbol{x}$ の始点を原点Oにとるとき，それを**位置ベクトル**とする平面上の点Pが対応し，Pの座標である実数の組 $(x,\ y)$ が対応する．これがベクトル $\boldsymbol{x}$ のこの座標系についての成分である．加法およびスカラー倍は，成分で表せば，

$$(x_1,\ y_1)+(x_2,\ y_2)=(x_1+x_2,\ y_1+y_2)$$

$$k(x,\ y)=(kx,\ ky)$$

となる．

数直線上のベクトル全体や，座標平面上のベクトル全体のように，加法とスカラー倍という2種類の演算が定義されて，(1)，(2)が成り立つような空集合でない集合 V は，**線形空間**または**ベクトル空間**と呼ばれる．正確には，これらの演算のみたす条件が必要なのだが，いまのところ，平面上のベクトルの場合と同様と思っていてよい．

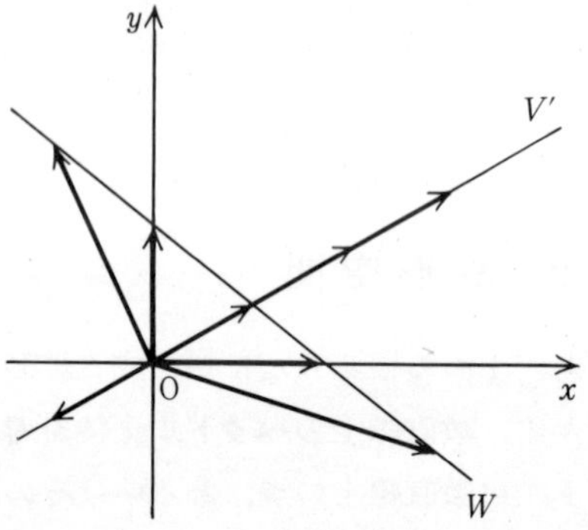

図2

座標平面上のベクトルにもどって，V のベクトルのうちで，あ

る1直線上にあるものの全体 V'（図2）を考えると，数直線上のベクトルと同様な1次元の線形空間になっている．このように，線形空間の部分集合が同じ演算についてそれ自身線形空間になっているとき，部分線形空間または単に**部分空間**という．いまの場合，ベクトルの始点を原点Oにとれば，V' のベクトルを位置ベクトルとする点の全体は，座標平面上の原点を通る直線になる．原点を通らない直線上の点の位置ベクトルの全体を W とすると，W のベクトルのスカラー倍は1倍以外 W に入らないし，W のベクトルの和も W に入らないから W は線形空間ではない．線形という言葉に惑わされないようにしよう．

次にあげるものも V の部分空間ではない．

(i)　長さ1以下のベクトルの全体（和もスカラー倍も条件をみたさない）

(ii)　成分が整数のベクトルの全体（和はよいがスカラー倍が条件をみたさない）

(iii)　成分の少くとも一方が0であるベクトルの全体（スカラー倍はよいが和が条件をみたさない）

数直線上のベクトルの場合には(2)が成り立てば(1)も成り立つが，平面上のベクトルになると上の(iii)のような場合があるから，(1)，(2)は独立な条件で，どちらも必要になる．しかし，条件が成り立つかどうか調べるにはこのように2つの条件とするのがよいが，使うときには，次のようにまとめておいた方が便利なことも多い．

$$\boldsymbol{x}_1, \boldsymbol{x}_2, \cdots, \boldsymbol{x}_n \in V,\ k_1, k_2, \cdots, k_n \in \boldsymbol{R} \Rightarrow k_1\boldsymbol{x}_1 + k_2\boldsymbol{x}_2 + \cdots + k_n\boldsymbol{x}_n \in V \tag{3}$$

ここに現れた $k_1\boldsymbol{x}_1 + k_2\boldsymbol{x}_2 + \cdots + k_n\boldsymbol{x}_n$ のような和を，ベクトル $\boldsymbol{x}_1$，$\boldsymbol{x}_2$，$\cdots$，$\boldsymbol{x}_n$ の**1次結合**という．これは，線形代数で重要な概念で，これから頻繁に使われる．この言葉を使えば，(3)は，「V の任意の有限個のベクトルの1次結合がまた V に属する」と表現される．

さて，(1)と(2)から(3)が導かれることを示しておこう．(2)を使うと，(3)の条件から

$$k_1\boldsymbol{x}_1 \in V,\ k_2\boldsymbol{x}_2 \in V,\ \cdots,\ k_n\boldsymbol{x}_n \in V$$

が分る．次に，このはじめの2つに(1)を使うと，

$$k_1\boldsymbol{x}_1 + k_2\boldsymbol{x}_2 \in V$$

となり，これと $k_3\boldsymbol{x}_3 \in V$ から，

$$k_1\boldsymbol{x}_1+k_2\boldsymbol{x}_2+k_3\boldsymbol{x}_3=(k_1\boldsymbol{x}_1+k_2\boldsymbol{x}_2)+k_3\boldsymbol{x}_3 \in V$$

となる．このようにして続けると(3)が導かれる．

逆に，(1)は，(3)で $n=2$，$k_1=k_2=1$ の場合だし，(2)は，(3)で $n=1$ の場合だから，結局

$$(1),\ (2) \Leftrightarrow (3)$$

が成り立つ．

3．4次元の線形空間

数直線上のベクトルは，長さが0でない任意のベクトル $\boldsymbol{a}$ を1つ定めると，そのスカラー倍として $k\boldsymbol{a}$ の形に表される．

座標平面上のベクトルの場合は，（始点を同じにとったとき）1直線上に表せないような2つのベクトル $\boldsymbol{a}$，$\boldsymbol{b}$ を任意に選ぶと，すべてのベクトルがそれらの1次結合として表される．実際，その平面上の任意のベクトル $\boldsymbol{x}$ に対し，

$$\overrightarrow{\mathrm{OA}}=\boldsymbol{a},\ \overrightarrow{\mathrm{OB}}=\boldsymbol{b},\ \overrightarrow{\mathrm{OP}}=\boldsymbol{x}$$

となる点A，B，Pをとり，Pを通ってOB，OAに引いた平行線が，直線OA，OBと交わる点をそれぞれQ，Rとすると，

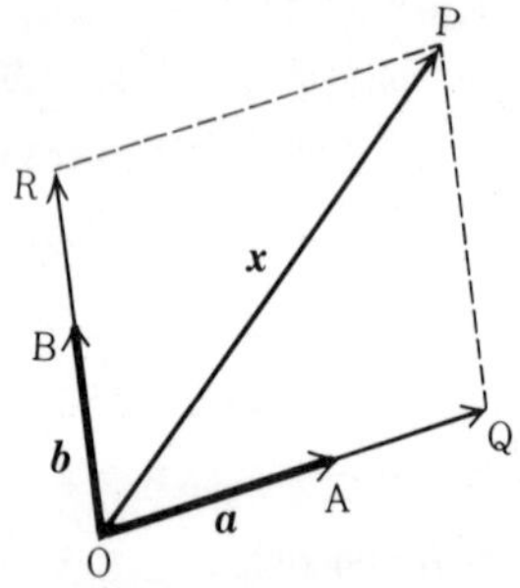

図3

$$\overrightarrow{\mathrm{OQ}}=k_1\overrightarrow{\mathrm{OA}}=k_1\boldsymbol{a},\ \overrightarrow{\mathrm{OR}}=k_2\overrightarrow{\mathrm{OB}}=k_2\boldsymbol{b}$$

となるようなスカラー k_1，k_2 があるから，

$$\boldsymbol{x}=\overrightarrow{\mathrm{OP}}=\overrightarrow{\mathrm{OQ}}+\overrightarrow{\mathrm{QP}}=\overrightarrow{\mathrm{OQ}}+\overrightarrow{\mathrm{OR}}=k_1\boldsymbol{a}+k_2\boldsymbol{b}$$

と表される．

結局，数直線上のベクトルはすべてただ1つのベクトル $\boldsymbol{a}$ の1次結合（実はスカラー倍）として $k\boldsymbol{a}$ と表され，座標平面上のベクトルは，すべてが1つのベクトルの1次結合にはならないが，1直線上に表せない2つのベクトル $\boldsymbol{a}$，$\boldsymbol{b}$ の1次結合として，$k_1\boldsymbol{a}+k_2\boldsymbol{b}$ の形に表される．それらの全体

は，それぞれ，1次元線形空間，2次元線形空間と呼ばれる．これらに属するベクトルは，それを位置ベクトルとする点の座標を用いると，それぞれ，1つの実数，2つの実数の組で表される．

空間ベクトルの場合，すべてを2つのベクトルの1次結合で表すことはできないが，同一平面上に表せない3つのベクトル $\boldsymbol{a}$，$\boldsymbol{b}$，$\boldsymbol{c}$ を用いると，すべてのベクトルがこれらの1次結合 $k_1\boldsymbol{a}+k_2\boldsymbol{b}+k_3\boldsymbol{c}$ として表されるので，3次元線形空間と呼ばれる．この場合は，これを位置ベクトルとする点の座標である3個の実数の組として $\boldsymbol{x}=(x,\ y,\ z)$ のように**成分表示**される．

数直線，座標平面，座標空間のベクトルが，それぞれ，1個，2個，3個の実数で成分表示されたので，座標系を固定すれば，それらの実数の組自身をベクトルと考えてよい．そのとき，成分の数を3個までとしないで，もっと多くの数の組を考えることができる．

たとえば，4個の実数 x_1，x_2，x_3，x_4 を組にして，1つの記号によって $\boldsymbol{x}=(x_1,\ x_2,\ x_3,\ x_4)$ と表し，それらの全体を $\boldsymbol{R}^4$ で表すと，ここで，いままでのベクトルと同じような，和やスカラー倍の演算を定義できるので，この場合にも $\boldsymbol{R}^4$ の要素 $\boldsymbol{x}$ をベクトル，x_1，x_2，x_3，x_4 をその成分と呼ぼう．

平面ベクトルや空間ベクトルを成分表示する場合，座標系を固定しておけば各成分は一意的に定まる．このとき，異なる2つのベクトルでは，成分が全部一致するということはなく，必ず少なくとも1つは成分が違うので，成分を与えると逆にもとのベクトルが定まる．そこで，$\boldsymbol{R}^4$ のベクトルの場合にも，2つのベクトルは，4個の数のうちどこか1つでも違っていれば，異なるベクトルであると考えよう．そうすると，

$$\boldsymbol{x}=(x_1,\ x_2,\ x_3,\ x_4),\quad \boldsymbol{y}=(y_1,\ y_2,\ y_3,\ y_4)$$

について

$$\boldsymbol{x}=\boldsymbol{y} \quad \Leftrightarrow \quad x_1=y_1,\ x_2=y_2,\ x_3=y_3,\ x_4=y_4$$

となる．

ところで，平面ベクトルや空間ベクトルの場合には，ベクトルは方向のある線分という幾何学的意味をもち，それらの和やスカラー倍も図形を用いて導入されたが，$\boldsymbol{R}^4$ のベクトルの場合にはこのような方法はとれない．

そこで，$\boldsymbol{R}^4$ に演算を導入する準備として，平面ベクトル，空間ベクトル

を成分表示した場合の演算を思い出しておこう．$\boldsymbol{R}^4$ の場合と記号を合わせるため，成分の記号を前と変えて，

平面ベクトル　$\boldsymbol{x}=(x_1,\ x_2),\ \boldsymbol{y}=(y_1,\ y_2)$

空間ベクトル　$\boldsymbol{x}=(x_1,\ x_2,\ x_3),\ \boldsymbol{y}=(y_1,\ y_2,\ y_3)$

等とし，これらの全体をそれぞれ $\boldsymbol{R}^2$, $\boldsymbol{R}^3$ で表す．このとき，スカラー k に対し，

$$\boldsymbol{R}^2:\ \boldsymbol{x}+\boldsymbol{y}=(x_1+y_1,\ x_2+y_2)$$
$$k\boldsymbol{x}=(kx_1,\ kx_2)$$
$$\boldsymbol{R}^3:\ \boldsymbol{x}+\boldsymbol{y}=(x_1+y_1,\ x_2+y_2,\ x_3+y_3)$$
$$k\boldsymbol{x}=(kx_1,\ kx_2,\ kx_3)$$

となる．

これらにならって，$\boldsymbol{R}^4$ における演算を次のように定義しよう．

$\boldsymbol{x}=(x_1,\ x_2,\ x_3,\ x_4),\ \boldsymbol{y}=(y_1,\ y_2,\ y_3,\ y_4)$ のとき，$k\in\boldsymbol{R}$ に対し，

$$\boldsymbol{x}+\boldsymbol{y}=(x_1+y_1,\ x_2+y_2,\ x_3+y_3,\ x_4+y_4)$$
$$k\boldsymbol{x}=(kx_1,\ kx_2,\ kx_3,\ kx_4)$$

たとえば，

$$(3,\ 2,\ 0,\ 7)+(1,\ -3,\ 4,\ 2)=(4,\ -1,\ 4,\ 9)$$
$$3(2,\ 0,\ -3,\ 1)=(6,\ 0,\ -9,\ 3)$$

となる．

$\boldsymbol{R}^4$ の要素にこのような加法とスカラー倍の演算を与えたものを，**4次元数ベクトル**または**4項数ベクトル**と呼ぶ．$\boldsymbol{R}^4$ の要素を前からベクトルと呼んだのも，実はこのような演算を導入することを想定したからである．数ベクトルという言葉は，平面ベクトルや空間ベクトルのように方向のある線分という図形によって導入される幾何ベク

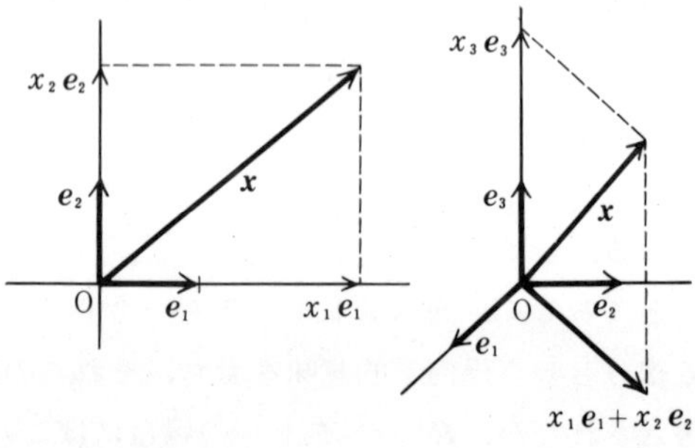

図4

トルに対比して使われている．平面ベクトルの場合には，両座標軸方向の単位ベクトルをそれぞれ $\boldsymbol{e}_1$, $\boldsymbol{e}_2$ とし，空間ベクトルでは，さらに，これらに直交する単位ベクトル $\boldsymbol{e}_3$ まで用いると，任意のベクトル $\boldsymbol{x}$ がその成分を係数として，それぞれ，次のように表される．

平面ベクトル　$\boldsymbol{x}=x_1\boldsymbol{e}_1+x_2\boldsymbol{e}_2$,

空間ベクトル　$\boldsymbol{x}=x_1\boldsymbol{e}_1+x_2\boldsymbol{e}_2+x_3\boldsymbol{e}_3$.

4次元数ベクトルの場合，

$$\boldsymbol{e}_1=(1,0,0,0),\ \boldsymbol{e}_2=(0,1,0,0),\ \boldsymbol{e}_3=(0,0,1,0),\ \boldsymbol{e}_4=(0,0,0,1) \tag{4}$$

とおくと，任意のベクトル $\boldsymbol{x}=(x_1,\ x_2,\ x_3,\ x_4)$ が，

$$\begin{aligned}\boldsymbol{x}&=(x_1,\ 0,\ 0,\ 0)+(0,\ x_2,\ 0,\ 0)+(0,\ 0,\ x_3,\ 0)+(0,\ 0,\ 0,\ x_4)\\&=x_1\boldsymbol{e}_1+x_2\boldsymbol{e}_2+x_3\boldsymbol{e}_3+x_4\boldsymbol{e}_4\end{aligned}$$

と，4個のベクトル $\boldsymbol{e}_1$, $\boldsymbol{e}_2$, $\boldsymbol{e}_3$, $\boldsymbol{e}_4$ の，成分を係数とする1次結合で表される．(4) を $\boldsymbol{R}^4$ の**基本ベクトル**または**標準基底**という．$\boldsymbol{R}^4$ ではどの3個のベクトルを用いても，すべてのベクトルをそれらの1次結合として表すことができないので，$\boldsymbol{R}^4$ は4次元であると言う．

ところで，4次元空間とか4次元の世界という言葉は，おそらく相対性理論との関連で知った人が多いと思う．ＳＦ映画で人間が突然すっと消えてしまったりして，4次元という言葉だけで何となく神秘的なものを感じるが，理論の深遠な点は，空間座標と時間座標を統轄する変換法則と物理現象の対応にあるのであって，そのためにはもちろん4次元空間を対象としなければならないが，時間軸を含めた4次元空間を考えること自体には何の不思議もない．

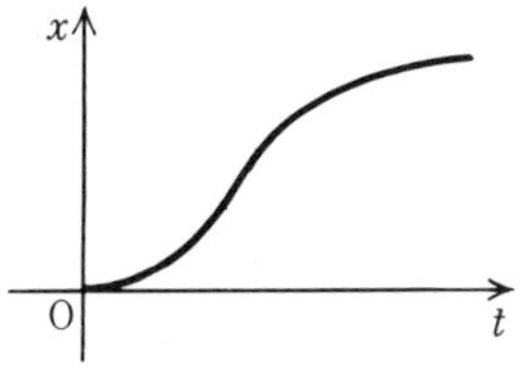

図5

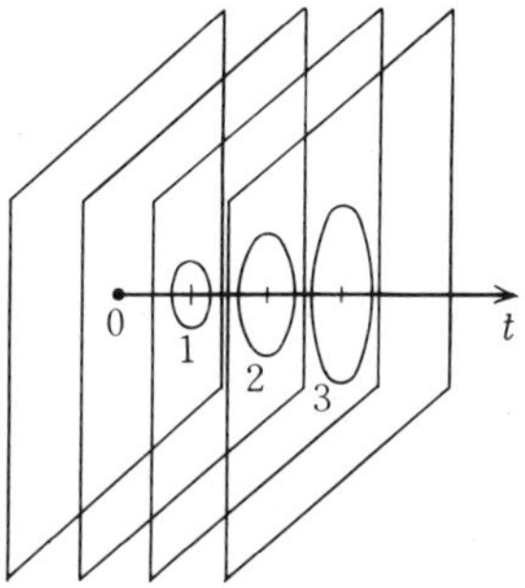

図6

直線上の点の運動を，時間 t と位置 $\boldsymbol{x}$ との関係で表せば，図5のような2次元平面上のグラフになる．また，水面に物を落したとき波紋の広がる様子を，一定時間ごとに描いて

時間軸に垂直な画面上に表せば図6のようになるが，これを連続的に行えば3次元空間の図形ができる．同様にして，各瞬間に3次元空間で起っていることを時間の経過に従って記述するには，4次元の空間が必要になる．

4．高次元空間と無限次元空間

平面ベクトルや空間ベクトルの成分表示を基礎にして4次元数ベクトルのつくる4次元線形空間を考える過程を詳しく述べたが，これは目に見えるものから見えないものへの拡張であって，一たんこれらの間の壁が破られれば，もっと高次元の線形空間，さらに無限次元の線形空間へと進むのはたやすい．

任意の自然数 n をとり，これを1つ固定する．n 個の実数の組を

$$\boldsymbol{x}=(x_1,\ x_2,\ x_3,\ \cdots,\ x_n)$$

で表し，**n 次元数ベクトル**という．これらの全体 $\boldsymbol{R}^n$ を考え，2つのベクトルが等しいことや，2つのベクトルの和およびベクトルのスカラー倍を4次元数ベクトルの場合と同様に定義すると，容易にわかるように，$\boldsymbol{R}^n$ のベクトルの和もスカラー倍も $\boldsymbol{R}^n$ に属するから，$\boldsymbol{R}^n$ は線形空間になる．すべてのベクトルは，n 個の基本ベクトル

$$\boldsymbol{e}_1=(1,\ 0,\ 0,\ \cdots,\ 0)$$
$$\boldsymbol{e}_2=(0,\ 1,\ 0,\ \cdots,\ 0)$$
$$\cdots$$
$$\boldsymbol{e}_n=(0,\ 0,\ \cdots,\ 0,\ 1)$$

の，成分を係数とする1次結合で

$$\boldsymbol{x}=x_1\boldsymbol{e}_1+x_2\boldsymbol{e}_2+\cdots+x_n\boldsymbol{e}_n$$

と表され，どの $n-1$ 個のベクトルをとってもすべてのベクトルをそれらの1次結合で表すことはできないので，$\boldsymbol{R}^n$ は n 次元線形空間であると言う．

次に，有限個の実数の組を考える代りに，実数を項にもつ数列を考えよう．いま，その収束性については全く考えないことにする．その全体を S とすると，その要素 $\boldsymbol{x}$ は1つの数列だから，一般項 x_n を用いて，

$$\boldsymbol{x}=\{x_n\}$$

と表される．$\boldsymbol{y}=\{y_n\}$ との和，スカラー倍を

$$\boldsymbol{x}+\boldsymbol{y}=\{x_n+y_n\},\quad k\boldsymbol{x}=\{kx_n\}$$

と定義すると，これらの演算によって S は線形空間になるが，この場合，いくら多くの有限個の要素をとってもすべての要素をそれらの1次結合として表すことはできない．このような線形空間は無限次元であると言う．実数列は n 次元数ベクトルの n を ∞ にした極限と考えられる．

n 次元数ベクトル

$$\boldsymbol{x}=(x_1,\ x_2,\ \cdots,\ x_n)$$

を，1，2，…，n という n 個の変数値においてだけ定義され，そこで x_1，x_2，…，x_n という値をとる関数と考えることもできる．たとえば，3次元ベクトル $\boldsymbol{x}=(x_1,\ x_2,\ x_3)$ に対応する関数は図7のようになる．

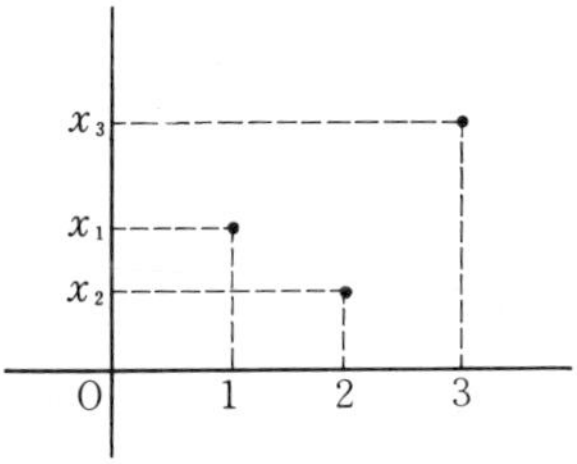

図7

この観点からの拡張として，閉区間 $[0,\ 1]$ で定義された連続関数の全体 C を考えよう．加法は普通の関数の和，スカラー倍も普通の関数の k 倍とすればよい．この演算について C も無限次元の線形空間になる．このような関数を要素にもつ空間について調べるとき，平面ベクトルや空間ベクトルとの類推から，それらを扱う場合の手法を真似ることも一般の線形空間を考察する利点ではあるが，以下では有限次元の場合だけを考察の対象とする．

5．数ベクトル空間における長さと角

平面ベクトルや空間ベクトルの場合と同じような計算規則の成り立つ加法とスカラー倍の定義された空間が，線形代数の対象となる線形空間であるが，幾何ベクトルの場合には，ベクトルの長さや，2つのベクトルのなす角という概念があらかじめ与えられ，それらを成分によって表すことができた．n 次元数ベクトルの場合には，これらの概念はあらかじめ与えられていないが，成分表示は同様の形をしているので，成分を用いて，n 次元数ベクトルに長さやなす角の概念を導入することを考えよう．そうすることによって，これらを扱うときに，幾何ベクトルのもつ図形的性質からの類推を利用

することができる．

2つの空間ベクトル $\boldsymbol{x}=(x_1,\ x_2,\ x_3)$, $\boldsymbol{y}=(y_1,\ y_2,\ y_3)$ の内積を

$$(\boldsymbol{x},\boldsymbol{y})=x_1y_1+x_2y_2+x_3y_3 \tag{5}$$

とすると，$\boldsymbol{x}$ の長さ $|\boldsymbol{x}|$ と $\boldsymbol{x}$, $\boldsymbol{y}$ のなす角 θ は，

$$|\boldsymbol{x}|=\sqrt{(\boldsymbol{x},\ \boldsymbol{x})} \tag{6}$$

$$\cos\theta=\frac{(\boldsymbol{x},\ \boldsymbol{y})}{|\boldsymbol{x}||\boldsymbol{y}|} \tag{7}$$

によって与えられた．

2つの n 次元数ベクトル

$$\boldsymbol{x}=(x_1,\ x_2,\ \cdots,\ x_n),\quad \boldsymbol{y}=(y_1,\ y_2,\ \cdots,\ y_n)$$

の**内積**を (5) にならって，

$$(\boldsymbol{x},\boldsymbol{y})=x_1y_1+x_2y_2+\cdots+x_ny_n$$

と定義し，これを用いて長さや角をそれぞれ (6), (7) で定義するのが自然であろう．しかし，空間ベクトルの場合には θ はあらかじめ与えられた概念で，それを成分で表した式が (7) であったのに対し，この場合は，(7) によって $\boldsymbol{x}$ と $\boldsymbol{y}$ のなす角という概念を導入するのであるから，(7) をみたす θ が存在することを示さなければならない．(7) をみたす θ が存在するのは，右辺の絶対値が1以下の場合であるから，証明すべき式は結局

$$|\boldsymbol{x}|^2|\boldsymbol{y}|^2\geqq(\boldsymbol{x},\boldsymbol{y})^2 \tag{8}$$

となる．

いま，(8) が空間ベクトルの場合に成り立つことから，4次元ベクトルのときにも成り立つことを導こう．そうすれば，同様にして順次高い次元の場合に成り立つことがわかる．

$$\boldsymbol{x}=(x_1,\ x_2,\ x_3,\ x_4),\quad \boldsymbol{y}=(y_1,\ y_2,\ y_3,\ y_4)$$

とすると，

$$\begin{aligned}
&|\boldsymbol{x}|^2|\boldsymbol{y}|^2-(\boldsymbol{x},\boldsymbol{y})^2\\
&\quad=\{(x_1{}^2+x_2{}^2+x_3{}^2)+x_4{}^2\}\{(y_1{}^2+y_2{}^2+y_3{}^2)+y_4{}^2\}-\{(x_1y_1+x_2y_2+x_3y_3)+x_4y_4\}^2\\
&\quad=\{(x_1{}^2+x_2{}^2+x_3{}^2)(y_1{}^2+y_2{}^2+y_3{}^2)-(x_1y_1+x_2y_2+x_3y_3)^2\}\\
&\qquad+\{(x_1{}^2+x_2{}^2+x_3{}^2)y_4{}^2+x_4{}^2(y_1{}^2+y_2{}^2+y_3{}^2)-2x_4y_4(x_1y_1+x_2y_2+x_3y_3)\}
\end{aligned}$$

となる．

ここで，右辺の第1の{　}内は仮定により ≧0，また，第2の{　}内は，

$$(x_1y_4-x_4y_1)^2+(x_2y_4-x_4y_2)^2+(x_3y_4-x_4y_3)^2 \geqq 0$$

となるから，$|\boldsymbol{x}|^2|\boldsymbol{y}|^2-(\boldsymbol{x},\ \boldsymbol{y})^2 \geqq 0$ となり，(8) が成り立つ．

(8) を用いると，長さについての関係式

$$|\boldsymbol{x}+\boldsymbol{y}| \leqq |\boldsymbol{x}|+|\boldsymbol{y}| \qquad (9)$$

が簡単に導かれる．これは，三角形の 1 辺が他の 2 辺の和よりも小さいことに対応する性質である．

ベクトルの長さやなす角の概念は，前に述べた数列の空間のある部分空間や，[0, 1] で定義された連続関数の空間に拡張することができる．また，実数でなく複素数をスカラーにもつ線形空間，あるいはもっと一般のスカラーをもつ線形空間を考えることができるが，これらについては後に触れることにしよう．

練習問題 1

(☞解答 *175* ページ)

1．次にあげるもののうち線形空間になっているものはどれか．また，線形空間でないものについては，その理由を述べよ．ただし，スカラーは実数とし，和やスカラー倍は自然な定義を用いることとする．

(1)　整数全体　　(2)　複素数全体

(3)　2 次関数全体　　(4)　連続関数全体

2．座標平面上のベクトル全体を V とするとき，次にあげる V の部分集合のうち，V の部分空間となるものはどれか．部分空間でないものについては，その理由をのべよ．

(1)　x 成分と y 成分が等しいベクトルの全体

(2)　成分の和が 1 より大きいベクトルの全体

(3)　成分の積が負でないベクトルの全体

3．$\boldsymbol{a}$，$\boldsymbol{b}$，$\boldsymbol{c}$ を同一平面上に表せない 3 つの空間ベクトルとするとき，与えられたベクトル $\boldsymbol{x}$ をこれらの 1 次結合で表すにはどうすればよいか．図 3 に倣って図で説明せよ．

4．$\boldsymbol{a}=(3,\ 1)$，$\boldsymbol{b}=(1,\ 2)$ のとき，図 3 のような図を書くことにより，次のベクトルを $\boldsymbol{a}$，$\boldsymbol{b}$ の 1 次結合で表せ．

(1)　(9, 8)　　(2)　(−1, 3)

5．$\boldsymbol{a}=(3,\ 1,\ 4)$，$\boldsymbol{b}=(1,\ 5,\ -1)$，$\boldsymbol{c}=(2,\ -4,\ 5)$，$\boldsymbol{x}=(4,\ 6,\ 3)$ のとき，

(1) $3\boldsymbol{a}+5\boldsymbol{b}-2\boldsymbol{c}$ を求めよ．

(2) $\boldsymbol{x}=k_1\boldsymbol{a}+k_2\boldsymbol{b}+k_3\boldsymbol{c}$ となるような k_1，k_2，k_3 のみたす連立1次方程式を作り，それを解け．

6．4次元数ベクトル $\boldsymbol{a}=(2,\ 3,\ 6,\ 7)$，$\boldsymbol{b}=(2,\ 4,\ 2,\ 1)$ について，次のものを求めよ．

(1) $3\boldsymbol{a}-2\boldsymbol{b}$　(2) $\boldsymbol{a}$，$\boldsymbol{b}$ の長さ　(3) $\boldsymbol{a}$ と $\boldsymbol{b}$ のなす角

7．$f(x)=ax^2+bx+c$ （a，b，c は任意の実数）と表される関数全体 V は線形空間を作る．いま，3次元ベクトル $\boldsymbol{x}=(x_1,\ x_2,\ x_3)$ に，$f(1)=x_1$，$f(2)=x_2$，$f(3)=x_3$ をみたす $f(x)$ を対応させるとき，$\boldsymbol{R}^3$ のベクトルと V の関数が1対1に対応する．

(1) $\boldsymbol{R}^3$ の基本ベクトル $\boldsymbol{e}_1$，$\boldsymbol{e}_2$，$\boldsymbol{e}_3$ に対応する V の関数 $f_1(x)$，$f_2(x)$，$f_3(x)$ を求めよ．

(2) $\boldsymbol{x}=(x_1,\ x_2,\ x_3)$ に対応する $f(x)$ の係数 a，b，c を x_1，x_2，x_3 の式で表せ．

8．次の平面運動を図6のように3次元空間の図形で表すと，それぞれどんな図形になるか．

(1) 等速直線運動　(2) 等速円運動

9．数列全体の作る線形空間において，等差数列の全体は部分空間を作ることを示せ．等比数列の全体はどうか．

第 2 章　線形写像

比例定数は行列の芽

1. 比例関係

日常生活でよく使われる数学（あるいは算法）の1つは比例計算だと思う．たとえば，異なる単位による計量の換算は，尺貫法とメートル法が併用されていた時代には常に必要だった．現在特殊な分野を除いてはこの方の必要性は少なくなったが，外国との交流が活発になったため，アメリカの場合のオンス，ポンドやフィート，マイルとの換算，あるいは世界各国との通貨の換算などを使う機会が多くなった．

幸いなことに，比例関係にある2つの変数は，1組の対応を与えれば容易に換算できるから，たとえば次のような値を与えてやればよい．

グラム	1	28.35
オンス	0.03527	1

キログラム	1	0.4536
ポンド	2.2046	1

メートル	1	0.3048
フィート	3.2809	1

キロメートル	1	1.6093
マイル	0.621	1

比例関係は，このような換算に限らず，物の数量と値段，速度が一定の場合の時間と距離等日常生活によく現れる．y が x に比例する場合，$x=1$ のときの y の値 a を与えておけば，x に対応する y の値は $y=ax$ によって求められる．この a が比例定数で，数量から値段を求める場合には単価，時間から距離を求める場合には速度になる．

関数 $y=f(x)$ が比例関係を表すとき，x が k 倍になれば y も k 倍になるから，$f(kx)=ky=kf(x)$ となり，すべての k と x に対して，

$$f(kx)=kf(x) \tag{1}$$

が成り立つ．$f(1)=a$ とおけば，$f(k)=kf(1)=ka$．よって，

$$f(x)=ax \tag{2}$$

となる．このとき，$a(x_1+x_2)=ax_1+ax_2$ は，

$$f(x_1+x_2)=f(x_1)+f(x_2) \tag{3}$$

と表される．逆に，(3)をみたす連続関数は(1)をみたすので，実変数の連続関数を考える限り，(1)，(2)，(3)は同値な条件で，比例関係を特徴づける．

2．平面ベクトルの1次変換

いままで考えた実変数の関数は，実数に実数を対応させるのであるから，数直線上の点の対応と考えることもできるし，また，位置ベクトルを考えれば，数直線上のベクトルの対応とも考えられる．

そこで，今度は平面ベクトルの線形空間（平面上のベクトル全体の集合）から，他の平面上のベクトルの線形空間への写像を考えてみよう．

右の図のように2つの座標平面 P，P' が与えられたとき，原点O，O′を結ぶ線分に平行な光線によって，平面 P 上の図形を平面 P' 上に射影するとしよう．このとき，線分OO′がどちらの平面にも含まれなければ，P 上のベクトルと P' 上のベクトルが1対1に対応する．P，P' 上のベクトル全体の作る線形空間をそれぞれ V，V' とするとき，このようにして V から V' への写像 f が得られる．この写像 f の性質を調べてみよう．O，O′を固定して平面 P，P' を動かせば異なる写像が得られるから，P と P' の位置は固定しておくことにする．

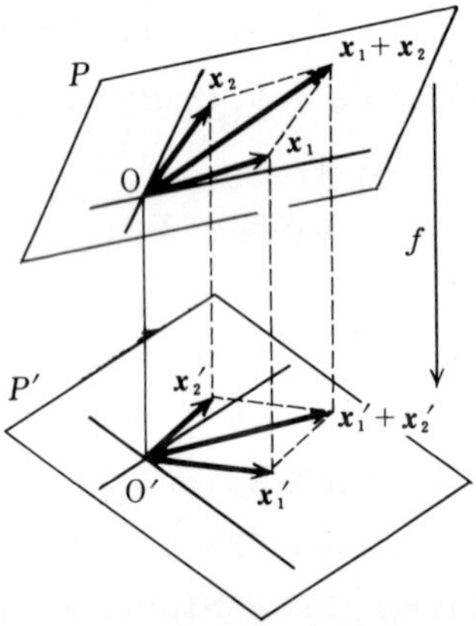

図1

平行光線による射影の性質から，P 上の平行な2直線は P' 上の平行な2直線に射影されるから，P 上の平行四辺形には P' 上の平行四辺形が対応する．したがって，P 上の2つのベクトル $\boldsymbol{x}_1$，$\boldsymbol{x}_2$ を2辺とする平行四辺形の対角線には，それらに対応する P' 上のベクトル $\boldsymbol{x}_1'$，$\boldsymbol{x}_2'$ を2辺とする平行四辺形の対角線が対応し，$\boldsymbol{x}_1+\boldsymbol{x}_2$ は $\boldsymbol{x}_1'+\boldsymbol{x}_2'$ に写像される．よって，

$$f(\boldsymbol{x}_1+\boldsymbol{x}_2)=f(\boldsymbol{x}_1)+f(\boldsymbol{x}_2) \tag{4}$$

が成り立つ．また，P 上のベクトル $\boldsymbol{x}$ を k 倍したものは，$\boldsymbol{x}$ に対応する P' 上のベクトル $\boldsymbol{x}'=f(\boldsymbol{x})$ を k 倍したものに写像されるから，

$$f(k\boldsymbol{x})=kf(\boldsymbol{x}) \tag{5}$$

が成り立つ．

このように，V から V' への写像 f がすべての V のベクトル $\boldsymbol{x}_1$，$\boldsymbol{x}_2$，$\boldsymbol{x}$ および，すべての実数 k に対して(4)，(5)をみたすとき，f は**線形写像**または1次写像と呼ばれる．座標平面 P' を，座標軸が一致するように座標平面 P に重ねて考えれば，f は V からそれ自身への写像と考えることができる．このような場合，f を V の**1次変換**ということが多い．比例関係の場合には，(5)に相当する(1)から，(4)に相当する(3)が導かれたが，平面ベクトルの写像では，(4)と(5)は独立した条件となる．

さて，1．で比例関係の式(2)を決定するときには，$x=1$ に対応する y の値 $a=f(1)$ を与えればよかった．数直線上のベクトルの対応としては，a は単位ベクトル（長さ1のベクトル）が何倍されるかという値になる．平面ベクトル空間 V の1次変換 f については，基本ベクトル（座標軸方向の単位ベクトル）を $\boldsymbol{e}_1$，$\boldsymbol{e}_2$ で表すとき，f によるこれらの像 $\boldsymbol{a}_1=f(\boldsymbol{e}_1)$，$\boldsymbol{a}_2=f(\boldsymbol{e}_2)$ を与えれば，f が決定される．実際，V のベクトル $\boldsymbol{x}$ の成分を $\boldsymbol{x}_1$，$\boldsymbol{x}_2$ とすると，(4)，(5)から

$$f(\boldsymbol{x})=f(x_1\boldsymbol{e}_1+x_2\boldsymbol{e}_2)=f(x_1\boldsymbol{e}_1)+f(x_2\boldsymbol{e}_2)=x_1f(\boldsymbol{e}_1)+x_2f(\boldsymbol{e}_2)=x_1\boldsymbol{a}_1+x_2\boldsymbol{a}_2$$

となる．ここで，$f(\boldsymbol{x})=\boldsymbol{x}'$ とおき，

$$\boldsymbol{x}'=x_1\boldsymbol{a}_1+x_2\boldsymbol{a}_2 \tag{6}$$

の成分 x_1'，x_2' を x_1，x_2 で表したいのだが，そのためには，$\boldsymbol{a}_1$，$\boldsymbol{a}_2$ の成分が必要になる．

ベクトル $\boldsymbol{a}$ の成分を a，b で表すときは，$\boldsymbol{a}_1$ の成分を a_1，b_1 とするのが

自然だが，いま $\boldsymbol{x}$ の成分を x，y の代りに x_1，x_2 としたから，$\boldsymbol{a}$ の成分は a，b の代りに a_1，a_2 としよう．そうすると，$\boldsymbol{a}_1$ の成分は，a_1，b_1 の代りに a_{11}，a_{21} と表すのが自然であろう．a_{11} の添字は「じゅういち」ではなく「いちいち」である．こういう2重添字を使うと，a_{112} のような場合に11 2なのか1 12なのかわからないと思う人もあろうが，そういう心配はあまり必要ないし，まぎらわしいときは，間をあけるか，別の表記法を工夫すればよい．

この記法を用いて，$\boldsymbol{a}_2$ の成分を同様に a_{12}，a_{22} で表し，(6)の両辺の各成分を比較すると，

$$\begin{cases} x_1' = a_{11}x_1 + a_{12}x_2 \\ x_2' = a_{21}x_1 + a_{22}x_2 \end{cases} \tag{7}$$

が得られる．1で述べた比例関係における比例定数 a に相当するのは，この場合(7)の右辺の4個の係数の組で，これらを，(7)における位置どうりに並べて，

$$A = \begin{pmatrix} a_{11} & a_{12} \\ a_{21} & a_{22} \end{pmatrix} \tag{8}$$

と表す．右辺の横の並びを**行**，縦の並びを**列**，全体を**行列**といい，並べた4つの係数を**要素**ということは周知であるが，行列を意味する matrix を片仮名化した**マトリックス**も日本語になっている．この記法に対応して，ベクトル $\boldsymbol{x}'$，$\boldsymbol{a}_1$，$\boldsymbol{a}_2$ の成分表示も(7)の位置のように縦に並べ，$\boldsymbol{x}$ もこれにならって，

$$\boldsymbol{x}' = \begin{pmatrix} x_1' \\ x_2' \end{pmatrix},\quad \boldsymbol{a}_1 = \begin{pmatrix} a_{11} \\ a_{21} \end{pmatrix},\quad \boldsymbol{a}_2 = \begin{pmatrix} a_{12} \\ a_{22} \end{pmatrix},\quad \boldsymbol{x} = \begin{pmatrix} x_1 \\ x_2 \end{pmatrix}$$

と表すことにする．このように，ベクトルの成分を縦に並べて表したものを**縦ベクトル**といい，これに対し，$(x_1,\ x_2)$ あるいは $(x_1\ \ x_2)$ のように成分を横に並べて表したものを**横ベクトル**という．行列のある行からできる横ベクトルを**行ベクトル**，列からできる縦ベクトルを**列ベクトル**ということが多いが，一般の横ベクトルや縦ベクトルにこの名称を使うこともある．平面上の1つの幾何ベクトルを縦ベクトルで表すことも横ベクトルで表すこともできるが，もとの幾何ベクトルは同じでも，表し方が違えば，演算上では別の

ものとして扱われる．行列 A を列ベクトルを用いて $A=(\boldsymbol{a}_1\ \ \boldsymbol{a}_2)$ と表すこともある．また，(7)式を，正比例の関係式(2)にならって

$$\boldsymbol{x}'=A\boldsymbol{x} \tag{9}$$

と表す．これを成分で書くと，

$$\begin{pmatrix} x_1' \\ x_2' \end{pmatrix}=\begin{pmatrix} a_{11} & a_{12} \\ a_{21} & a_{22} \end{pmatrix}\begin{pmatrix} x_1 \\ x_2 \end{pmatrix}$$

となるから，左辺に(7)を代入すると，

$$\begin{pmatrix} a_{11} & a_{12} \\ a_{21} & a_{22} \end{pmatrix}\begin{pmatrix} x_1 \\ x_2 \end{pmatrix}=\begin{pmatrix} a_{11}x_1+a_{12}x_2 \\ a_{21}x_1+a_{22}x_2 \end{pmatrix} \tag{10}$$

となり，(9)の右辺の式 $A\boldsymbol{x}$ の計算法則が与えられる．

平面ベクトルの１次変換 f を表す行列 A の求め方が分ったが，実例をあげる前にもう一度まとめると，

「A を求めるには，基本ベクトル $\boldsymbol{e}_1$，$\boldsymbol{e}_2$ の f による像ベクトル $\boldsymbol{a}_1$，$\boldsymbol{a}_2$ を成分で表し，それを列ベクトルとして並べればよい．」

となる．

ここで，この規則を適用して，平面ベクトルの１次変換と行列の対応の例をいくつか示そう．この例では，座標に x_1，x_2 でなく，x，y を用いることにする．

例１　与えられた１次変換 f に対応する行列 A（次のページの図２参照）

	f	$\boldsymbol{a}_1$	$\boldsymbol{a}_2$	A
(i)	y 軸に関する対称移動	$\begin{pmatrix} -1 \\ 0 \end{pmatrix}$	$\begin{pmatrix} 0 \\ 1 \end{pmatrix}$	$\begin{pmatrix} -1 & 0 \\ 0 & 1 \end{pmatrix}$
(ii)	原点のまわりの角 θ の回転	$\begin{pmatrix} \cos\theta \\ \sin\theta \end{pmatrix}$	$\begin{pmatrix} -\sin\theta \\ \cos\theta \end{pmatrix}$	$\begin{pmatrix} \cos\theta & -\sin\theta \\ \sin\theta & \cos\theta \end{pmatrix}$
(iii)	x 軸方向に３倍，y 軸方向に２倍の拡大	$\begin{pmatrix} 3 \\ 0 \end{pmatrix}$	$\begin{pmatrix} 0 \\ 2 \end{pmatrix}$	$\begin{pmatrix} 3 & 0 \\ 0 & 2 \end{pmatrix}$

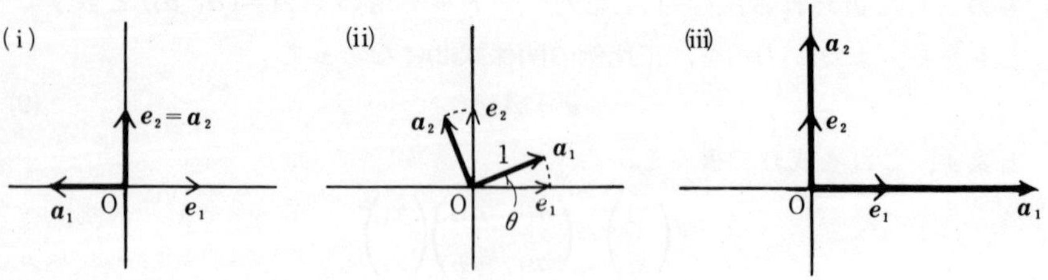

図2

例2　与えられた行列 A に対応する1次変換 f

	A	$\boldsymbol{a}_1$	$\boldsymbol{a}_2$	$\boldsymbol{f}$
(i)	$\begin{pmatrix}\cos\theta & \sin\theta \\ \sin\theta & -\cos\theta\end{pmatrix}$	$\begin{pmatrix}\cos\theta \\ \sin\theta\end{pmatrix}$	$\begin{pmatrix}\sin\theta \\ -\cos\theta\end{pmatrix}$	直線 $y=x\tan\dfrac{\theta}{2}$ に関する対称移動
(ii)	$\begin{pmatrix}1 & 1 \\ 0 & 1\end{pmatrix}$	$\begin{pmatrix}1 \\ 0\end{pmatrix}$	$\begin{pmatrix}1 \\ 1\end{pmatrix}$	x 軸を固定し，各点を y 座標の値だけ横にずらす移動
(iii)	$\begin{pmatrix}1 & 0 \\ 0 & 0\end{pmatrix}$	$\begin{pmatrix}1 \\ 0\end{pmatrix}$	$\begin{pmatrix}0 \\ 0\end{pmatrix}$	x 軸への正射影

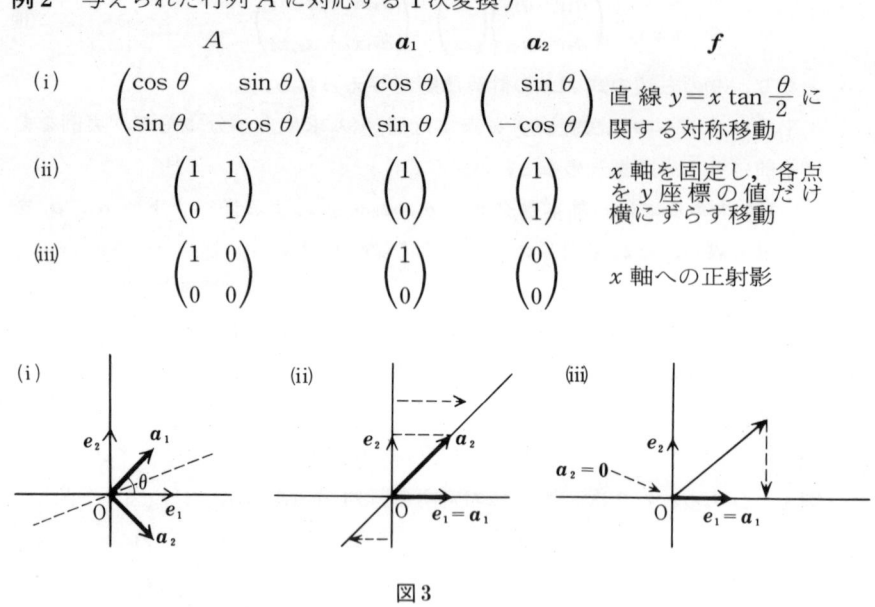

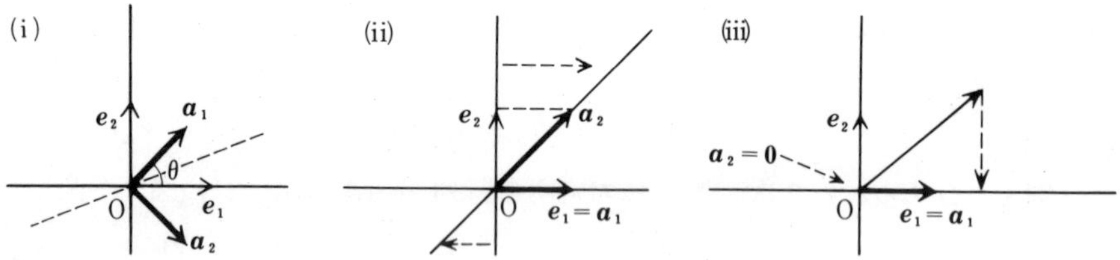

図3

3．一般の線形写像

一般に，2つの線形空間 V，V' があるとき，V から V' への写像 f が，すべてのスカラー（実数）k と，V のベクトル $\boldsymbol{x}$，$\boldsymbol{x}_1$，$\boldsymbol{x}_2$ に対し(4)，(5)をみたすとき，f を**線形写像**または**1次写像**という．写像の代りに変換ということもあり，特に V と V' が一致しているとき1次変換ということが多い．

V が線形空間になる条件

$$\begin{cases} \boldsymbol{x}_1,\ \boldsymbol{x}_2 \in V \Rightarrow \boldsymbol{x}_1+\boldsymbol{x}_2 \in V \\ \boldsymbol{x} \in V,\ k \in \boldsymbol{R} \Rightarrow k\boldsymbol{x} \in V \end{cases}$$

が，

$$\boldsymbol{x}_1,\ \boldsymbol{x}_2,\ \cdots,\ \boldsymbol{x}_n \in V,\ k_1,\ k_2,\ \cdots,\ k_n \in \boldsymbol{R} \Rightarrow k_1\boldsymbol{x}_1+k_2\boldsymbol{x}_2+\cdots+k_n\boldsymbol{x}_n \in V$$

という1つの形にまとめられるのと同じように，f が線形写像になる条件(4)，(5)は，

$$f(k_1\boldsymbol{x}_1+k_2\boldsymbol{x}_2+\cdots+k_n\boldsymbol{x}_n) = k_1f(\boldsymbol{x}_1)+k_2f(\boldsymbol{x}_2)+\cdots+k_nf(\boldsymbol{x}_n) \tag{11}$$

という1つの式で表される．

ところで，平面ベクトルの1次変換は(8)のような2行2列の行列で表されたが，一般の線形写像の場合はどうだろうか．まず例として，4次元数ベクトルの空間 $\boldsymbol{R}^4$ から，3次元数ベクトルの空間 $\boldsymbol{R}^3$ への線形写像 f を考えてみよう．この場合，$V=\boldsymbol{R}^4$ に属するベクトル $\boldsymbol{x}$ は4個の実数の組であり，$V'=\boldsymbol{R}^3$ に属するベクトル $\boldsymbol{x}'$ は3個の実数の組である．これらを縦ベクトルで表すことにしよう．V の基本ベクトル $\boldsymbol{e}_1$，$\boldsymbol{e}_2$，$\boldsymbol{e}_3$，$\boldsymbol{e}_4$ は4次元数ベクトルだが，f によるそれらの像 $\boldsymbol{a}_1$，$\boldsymbol{a}_2$，$\boldsymbol{a}_3$，$\boldsymbol{a}_4$ は3次元数ベクトルである．これらの成分表示を，

$$\boldsymbol{a}_1=\begin{pmatrix} a_{11} \\ a_{21} \\ a_{31} \end{pmatrix},\quad \boldsymbol{a}_2=\begin{pmatrix} a_{12} \\ a_{22} \\ a_{32} \end{pmatrix},\quad \boldsymbol{a}_3=\begin{pmatrix} a_{13} \\ a_{23} \\ a_{33} \end{pmatrix},\quad \boldsymbol{a}_4=\begin{pmatrix} a_{14} \\ a_{24} \\ a_{34} \end{pmatrix} \tag{12}$$

とし，f による $\boldsymbol{x}$ の像ベクトル $\boldsymbol{x}'$ の成分を $\boldsymbol{x}$ の成分で表してみよう．

$$\begin{aligned} \boldsymbol{x}=\begin{pmatrix} x_1 \\ x_2 \\ x_3 \\ x_4 \end{pmatrix} &= x_1\begin{pmatrix} 1 \\ 0 \\ 0 \\ 0 \end{pmatrix}+x_2\begin{pmatrix} 0 \\ 1 \\ 0 \\ 0 \end{pmatrix}+x_3\begin{pmatrix} 0 \\ 0 \\ 1 \\ 0 \end{pmatrix}+x_4\begin{pmatrix} 0 \\ 0 \\ 0 \\ 1 \end{pmatrix} \\ &= x_1\boldsymbol{e}_1+x_2\boldsymbol{e}_2+x_3\boldsymbol{e}_3+x_4\boldsymbol{e}_4 \end{aligned}$$

に f を施すと，f の線形性(11)により，

$$\begin{aligned} \boldsymbol{x}' = f(\boldsymbol{x}) &= f(x_1\boldsymbol{e}_1+x_2\boldsymbol{e}_2+x_3\boldsymbol{e}_3+x_4\boldsymbol{e}_4) \\ &= x_1f(\boldsymbol{e}_1)+x_2f(\boldsymbol{e}_2)+x_3f(\boldsymbol{e}_3)+x_4f(\boldsymbol{e}_4) \\ &= x_1\boldsymbol{a}_1+x_2\boldsymbol{a}_2+x_3\boldsymbol{a}_3+x_4\boldsymbol{a}_4. \end{aligned}$$

よって，成分で表すと，

$$\begin{pmatrix} x_1' \\ x_2' \\ x_3' \end{pmatrix} = x_1 \begin{pmatrix} a_{11} \\ a_{21} \\ a_{31} \end{pmatrix} + x_2 \begin{pmatrix} a_{12} \\ a_{22} \\ a_{32} \end{pmatrix} + x_3 \begin{pmatrix} a_{13} \\ a_{23} \\ a_{33} \end{pmatrix} + x_4 \begin{pmatrix} a_{14} \\ a_{24} \\ a_{34} \end{pmatrix}$$

$$= \begin{pmatrix} a_{11}x_1 + a_{12}x_2 + a_{13}x_3 + a_{14}x_4 \\ a_{21}x_1 + a_{22}x_2 + a_{23}x_3 + a_{24}x_4 \\ a_{31}x_1 + a_{32}x_2 + a_{33}x_3 + a_{34}x_4 \end{pmatrix} \tag{13}$$

となる．両辺の対応する成分を比較すると，写像の式

$$\begin{cases} x_1' = a_{11}x_1 + a_{12}x_2 + a_{13}x_3 + a_{14}x_4 \\ x_2' = a_{21}x_1 + a_{22}x_2 + a_{23}x_3 + a_{24}x_4 \\ x_3' = a_{31}x_1 + a_{32}x_2 + a_{33}x_3 + a_{34}x_4 \end{cases} \tag{14}$$

が得られる．この関係を，平面の1次変換の場合と同様

$$\begin{pmatrix} x_1' \\ x_2' \\ x_3' \end{pmatrix} = \begin{pmatrix} a_{11} & a_{12} & a_{13} & a_{14} \\ a_{21} & a_{22} & a_{23} & a_{24} \\ a_{31} & a_{32} & a_{33} & a_{34} \end{pmatrix} \begin{pmatrix} x_1 \\ x_2 \\ x_3 \\ x_4 \end{pmatrix}$$

と表す．この式と(13)から，平面ベクトルの1次変換における(10)に対応する式

$$\begin{pmatrix} a_{11} & a_{12} & a_{13} & a_{14} \\ a_{21} & a_{22} & a_{23} & a_{24} \\ a_{3} & a_{32} & a_{33} & a_{34} \end{pmatrix} \begin{pmatrix} x_1 \\ x_2 \\ x_3 \\ x_4 \end{pmatrix} = \begin{pmatrix} a_{11}x_1 + a_{12}x_2 + a_{13}x_3 + a_{14}x_4 \\ a_{21}x_1 + a_{22}x_2 + a_{23}x_3 + a_{24}x_4 \\ a_{31}x_1 + a_{32}x_2 + a_{33}x_3 + a_{34}x_4 \end{pmatrix} \tag{15}$$

が得られる．

$$A = \begin{pmatrix} a_{11} & a_{12} & a_{13} & a_{14} \\ a_{21} & a_{22} & a_{23} & a_{24} \\ a_{31} & a_{32} & a_{33} & a_{34} \end{pmatrix}$$

とおくと，(14)は平面の場合の(9)と全く同じ式で表される．A は(12)の $\boldsymbol{a}_1$，$\boldsymbol{a}_2$，$\boldsymbol{a}_3$，$\boldsymbol{a}_4$ を列ベクトルとして並べたものであることに注意しよう．

一般に，n 次元数ベクトルの空間 $V=\boldsymbol{R}^n$ から，m 次元数ベクトルの空間 $V'=\boldsymbol{R}^m$ への線形写像 f を表す式も同様にして求められる．この場合も，A は V の基本ベクトル $\boldsymbol{e}_1$，$\boldsymbol{e}_2$，$\cdots$，$\boldsymbol{e}_n$ の f による像として得られる列ベクト

ル $\boldsymbol{a}_1$，$\boldsymbol{a}_2$，…，$\boldsymbol{a}_n$ の成分を用いて，

$$A=\begin{pmatrix} a_{11} & a_{12} & \cdots & a_{1n} \\ a_{21} & a_{22} & \cdots & a_{2n} \\ \vdots & \vdots & & \vdots \\ a_{m1} & a_{m2} & \cdots & a_{mn} \end{pmatrix}$$

の形に表される．これを m 行 n 列の**行列**，$m\times n$ 行列，または $(m,\ n)$ 行列などと呼び，特に，$m=n$ のとき n 次の**正方行列**という．A の要素の横の並びを上から第1行，第2行，…，第 m 行といい，縦の列を左から第1列，第2列，…，第 n 列という．また，第 i 行，第 j 列に属する要素 a_{ij} を A の $(i,\ j)$ 要素という．

はじめに比例関係のもつ線形性を調べ，それを高次元に拡張してベクトル空間の線形写像を定義したが，ここで線形写像の行列 A の要素 a_{ij} の意味を考えてみよう．いま，(14)式で $x_2=x_3=x_4=0$ とおくと，(14)は

$$x_1'=a_{11}x_1,\quad x_2'=a_{21}x_1,\quad x_3'=a_{31}x_1$$

となる．これは x_1'，x_2'，x_3' がすべて x_1 に比例することを示し，その場合の比例定数がそれぞれ a_{11}，a_{21}，a_{31} である．他の列の要素についても同様に考えられる．一般に，$\boldsymbol{x}$ の成分のうち，他の成分を固定して第 j 成分 x_j だけを変化させると，像ベクトルの成分 x_i' の変化（増分）は x_j の変化に比例する．その場合の比例定数が A の $(i,\ j)$ 要素 a_{ij} である．

4．空間における線形写像の例

平面ベクトルの1次変換の例は2であげたから，空間ベクトルの1次変換の例をいくつか示そう．この場合，行列 A を求めるには座標軸方向の単位ベクトル $\boldsymbol{e}_1$，$\boldsymbol{e}_2$，$\boldsymbol{e}_3$ の像ベクトル $\boldsymbol{a}_1$，$\boldsymbol{a}_2$，$\boldsymbol{a}_3$ を成分で表せばよい．

例3　(i)　x 軸のまわりの角 θ の回転

$$\boldsymbol{a}_1=\begin{pmatrix}1\\0\\0\end{pmatrix},\quad \boldsymbol{a}_2=\begin{pmatrix}0\\ \cos\theta\\ \sin\theta\end{pmatrix},\quad \boldsymbol{a}_3=\begin{pmatrix}0\\ -\sin\theta\\ \cos\theta\end{pmatrix},\quad A=\begin{pmatrix}1 & 0 & 0\\ 0 & \cos\theta & -\sin\theta\\ 0 & \sin\theta & \cos\theta\end{pmatrix}$$

(ii)　xy-平面に関する対称移動

$$\boldsymbol{a}_1=\begin{pmatrix}1\\0\\0\end{pmatrix},\ \boldsymbol{a}_2=\begin{pmatrix}0\\1\\0\end{pmatrix},\ \boldsymbol{a}_3=\begin{pmatrix}0\\0\\-1\end{pmatrix},\ A=\begin{pmatrix}1&0&0\\0&1&0\\0&0&-1\end{pmatrix}$$

(iii)　直線 $x=y=z$ のまわりの120度の回転

この場合，x 軸は y 軸に，y 軸は z 軸に，z 軸は x 軸に移るから，

$$\boldsymbol{a}_1=\begin{pmatrix}0\\1\\0\end{pmatrix},\ \boldsymbol{a}_2=\begin{pmatrix}0\\0\\1\end{pmatrix},\ \boldsymbol{a}_3=\begin{pmatrix}1\\0\\0\end{pmatrix}$$

$$A=\begin{pmatrix}0&0&1\\1&0&0\\0&1&0\end{pmatrix}$$

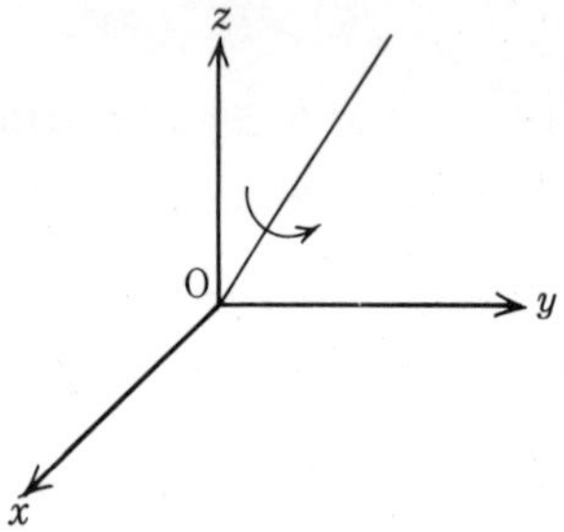

図4

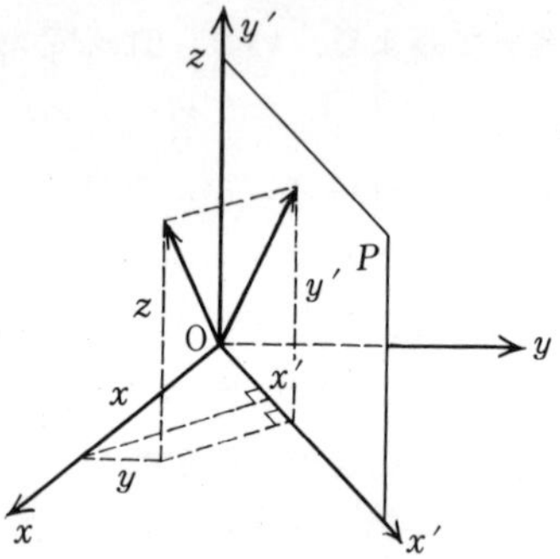

図5

次に，次元の違う空間への線形写像の例を示すため，z 軸を含み x 軸と45度の角をなす平面 P を考える．空間ベクトルの全体を V，平面 P 上のベクトルの全体を V' とする．ただし，V' のベクトルは図5の座標系 x'，y' について成分表示するものとする．

例4　V のベクトル $\boldsymbol{x}$ に平面 P 上への正射影 $\boldsymbol{x}'$ を対応させると，V から V' への線形写像 f が定義される．

$$f(\boldsymbol{e}_1)=f(\boldsymbol{e}_2)=\frac{1}{\sqrt{2}}\begin{pmatrix}1\\0\end{pmatrix},\ f(\boldsymbol{e}_3)=\begin{pmatrix}0\\1\end{pmatrix}$$

よって，f を表す行列は

$$A=\begin{pmatrix} \frac{1}{\sqrt{2}} & \frac{1}{\sqrt{2}} & 0 \\ 0 & 0 & 1 \end{pmatrix}$$

となり，変換式は次のようになる．

$$x'=\frac{1}{\sqrt{2}}(x+y),\quad y'=z$$

例 5　V' のベクトル $\boldsymbol{x}'$ を V のベクトルとして成分表示したものを $\boldsymbol{x}$ とすると，$\boldsymbol{x}'$ に $\boldsymbol{x}$ を対応させることにより，V' から V の中への線形写像が得られる．

5．線形近似

線形性が成り立つ場合には関数値の計算など簡単でよいが，1変数の関数で線形なのは比例関係の関数だけで，連続関数に限れば，加法性(3)をみたすものもこれしかない．したがって，

$$\sqrt{x_1+x_2}=\sqrt{x_1}+\sqrt{x_2},\quad \sin(x_1+x_2)=\sin x_1+\sin x_2$$

などという計算はもちろん許されない．

しかし，滑らかな関数 $y=f(x)$ の微小部分を考えれば，x の変化（増分）$\varDelta x$ と y の変化 $\varDelta y$ の間には，近似的に線形性が成り立つ．これは，グラフで考えれば部分的に直線で近似できるということで，図6の(i)のような接線や，(ii)のような弦がよく用いられる．関数値が数表や計算値によってまばらに与えられたとき，与えられていない部分を補間するのにこのことを利用できる．また，方程式の数値解法にもこういう考え方が使われる．

ところで，微小部分が直線で近似できるということは，微小部分だから差も小さいということではなく，大きく拡大してもなお相対的に近いということである．これは，滑らかな関数の定義から導かれるが，このことを実感するには円弧の場合を考えるとよい．図7(i)の円弧 AB の一部分 CD をとり，この部分を拡大して C′D′＝AB とした(ii)を作ると，半径が拡大された円 O′ の弧を考えることになる．円の場合，半径が大きくなるほどカーブがゆるく

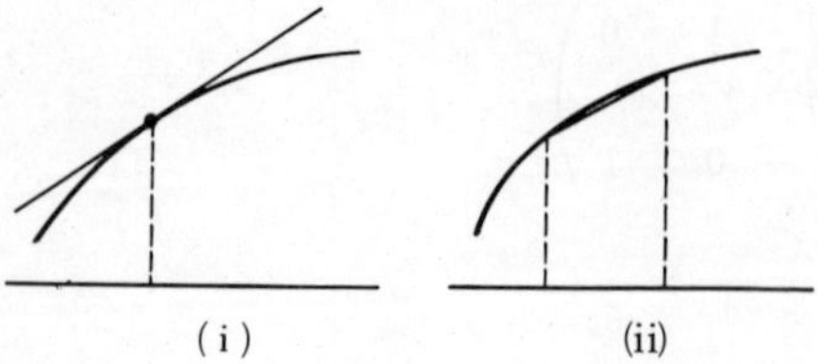

図6

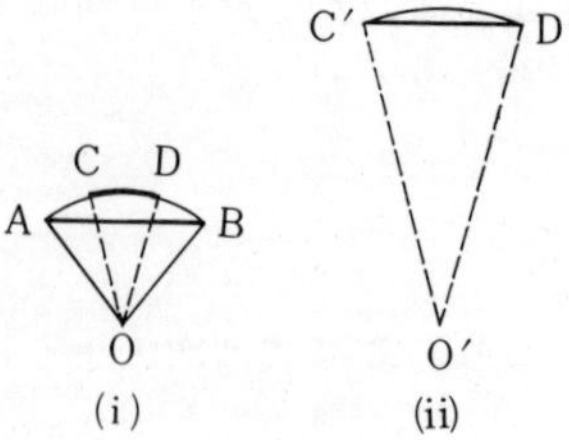

図7

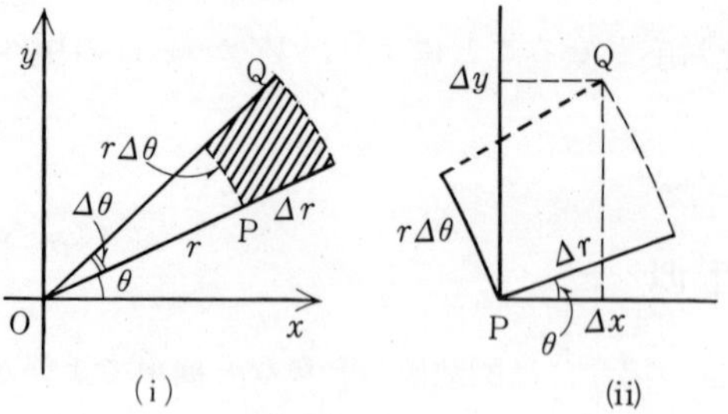

図8

なって直線に近くなることは日常実感していることと思う．

2次元以上の変換の場合も，適当な条件があれば局部的な変化は1次変換で近似できる．たとえば，平面の極座標（r，θ）から直角座標（x，y）への変換を考えてみよう．

原点と異なる点Pをとり，その極座標を（r，θ）とする．rとθをそれぞれΔr，$\Delta\theta$だけ変化させた点をQとする．変化が小さければ，図8(i)の斜線の部分を2辺がΔr，$r\Delta\theta$の長方形とみなすことができる．そう考えてこの部分を拡大すると図8(ii)のようになる．こうすると，（Δr，$r\Delta\theta$）から（Δx，Δy）への対応は角θの回転に相当し（座標軸を$-\theta$回転させるのは，相対的に図形をθ回転させることになる），1次変換

$$\begin{pmatrix} \Delta x \\ \Delta y \end{pmatrix} = \begin{pmatrix} \cos\theta & -\sin\theta \\ \sin\theta & \cos\theta \end{pmatrix} \begin{pmatrix} \Delta r \\ r\Delta\theta \end{pmatrix} \tag{16}$$

で近似されることがわかる．

線形写像は，もちろんそれ自身数学においても応用上もよく現れるが，こ

のように，もっと一般の写像の局部的な近似という面をもっている点でも重要である．

練習問題 2

(☞解答 *175* ページ)

1．平面ベクトルを xy-平面上の点の位置ベクトルとして表すとき，次の 1 次変換による $\boldsymbol{e}_1$，$\boldsymbol{e}_2$ の像ベクトル $\boldsymbol{a}_1$，$\boldsymbol{a}_2$ を求め，この 1 次変換を表す行列を作れ．

(1)　x 軸に関する対称移動

(2)　原点に関する対称移動

(3)　直線 $y=x$ に関する対称移動

(4)　原点のまわりの角45度の回転

(5)　原点を中心とする k 倍の相似拡大（または縮小）

2．次の行列の表す 1 次変換は，xy-平面上のどんな対応を表すか．

(1) $\begin{pmatrix} 0 & 1 \\ -1 & 0 \end{pmatrix}$　　(2) $\begin{pmatrix} 3 & 0 \\ 0 & -1 \end{pmatrix}$　　(3) $\dfrac{1}{2}\begin{pmatrix} 1 & 1 \\ 1 & 1 \end{pmatrix}$

3．f が線形写像になるための条件(4)，(5)は (11) 式

$$f(k_1x_1+k_2x_2+\cdots+k_nx_n)=k_1f(x_1)+k_2f(x_2)+\cdots+k_nf(x_n)$$

と同値であることを示せ．

4．空間ベクトルの 1 次変換

$$\begin{pmatrix} x_1' \\ x_2' \\ x_3' \end{pmatrix}=\begin{pmatrix} a_{11} & a_{12} & a_{13} \\ a_{21} & a_{22} & a_{23} \\ a_{31} & a_{32} & a_{33} \end{pmatrix}\begin{pmatrix} x_1 \\ x_2 \\ x_3 \end{pmatrix}$$

において，基本ベクトル

$$\boldsymbol{e}_1=\begin{pmatrix} 1 \\ 0 \\ 0 \end{pmatrix},\quad \boldsymbol{e}_2=\begin{pmatrix} 0 \\ 1 \\ 0 \end{pmatrix},\quad \boldsymbol{e}_3=\begin{pmatrix} 0 \\ 0 \\ 1 \end{pmatrix}$$

に対応するベクトル $\boldsymbol{a}_1$，$\boldsymbol{a}_2$，$\boldsymbol{a}_3$ を求めよ．

5．空間における次の 1 次変換を表す行列を求めよ．

(1)　yz-平面に関する対称移動

(2)　直線 $x=y$，$z=0$ のまわりの180度の回転

(3)　xy-平面への正射影

(4)　直線 $x=y=z$ への正射影

6．平面ベクトルの1次変換

$$\begin{pmatrix} x_1' \\ x_2' \end{pmatrix} = \begin{pmatrix} a_{11} & a_{12} \\ a_{21} & a_{22} \end{pmatrix} \begin{pmatrix} x_1 \\ x_2 \end{pmatrix}$$

で，x_2 を固定して x_1 を h だけ変化させるとき，x_1'，x_2' はそれぞれいくら変化するか．

7．平面の極座標と直角座標の対応で，$\begin{pmatrix} \Delta r \\ \Delta\theta \end{pmatrix}$ の $\begin{pmatrix} \Delta x \\ \Delta y \end{pmatrix}$ への変換を近似する1次変換の行列を求めよ．

第 3 章　行列の演算

線形写像も数のうち

1．写像としての実数

自然数1，2，3，…が２つの性格をもっていることはよく知られている．１つは，１つ，２つ，３つ，… という物の個数としての数であり，もう１つは１番目，２番目，３番目，…という順序を表す数である．これは，同じ数に異なる意味づけのできる例である．

実数は長さなどの量を表す数と考えるのが普通であるが，いまこれに別の意味づけを考えてみよう．実数２とは２倍する操作，実数３は３倍する操作，…と考えることにする．これは，一般に，実数 a が与えられたとき，a を比例定数とする比例関係

$$y = ax$$

を実数 a 自身と考えることに当る．突飛な考え方のようだが，正の実数の分数べきや負べきなどを考えるとき，このように考えると分りやすい．

いま，$a \neq 0$ として，a は a 倍する操作を１回，a^2 は a 倍する操作を２回，a^3 は３回，…行うことと考える．そうすると，自然な拡張として，a^0 は a 倍する操作を０回行うことだから，実は何もしないことになる．これはまた１倍する操作と同じだから，$a^0 = 1$ となる．a^{-1} は，a 倍する操作を -1 回行うのだから，a 倍の逆の操作を１回行うこと，つまり a で割ることに当る．他の負の整数べきについても同様に考えて，この関係を表にすると，

実数	…	a^{-2}	a^{-1}	a^0	a^1	a^2	…
a 倍する操作の回数	…	-2	-1	0	1	2	…
実際の倍率	…	$\frac{1}{a^2}$	$\frac{1}{a}$	1	a	a^2	…

となり，

$$a^0=1,\ a^{-1}=\frac{1}{a},\ a^{-2}=\frac{1}{a^2},\ \cdots$$

と定めるのが合理的であることが実感される．

また，$a>0$ のとき，$b=a^{\frac{1}{2}}$ というのは a 倍する操作の半分，つまりこの操作を2度続けて行うと a 倍する操作になるものである．よって，$b^2=a$，$b=\sqrt{a}$ が自然に導かれる．他の分数べきについても同様である．

ところで，このように実数 a を，実数全体の集合 $\boldsymbol{R}$ の各要素を a 倍する操作，あるいは，1次元線形空間における a を比例定数とする線形写像と考えるとき，実数の和や積はどのようなものになるだろうか．

まず，和について考えると，

$$(a+b)x=ax+bx$$

であるから，$a+b$ の表す写像（$a+b$ 倍する操作）は a の表す写像と b の表す写像による x の像 ax，bx の和 $ax+bx$ を x に対応させる写像になっている．また，

$$(ka)x=k(ax)$$

から，a の表す写像の k 倍は，a の表す写像による x の像 ax の k 倍を x に対応させる写像であることが分る．

次に，積 ab の表す写像と，a および b が表す写像の関係を考えよう．

$$(ab)x=a(bx)$$

であるから，積 ab の表す写像

$$y=abx \tag{1}$$

は，2つの写像

$$y=au,\quad u=bx \tag{2}$$

に分解される．つまり，(1)は(2)の2つの写像の合成写像になっている．よって，2つの実数 a と b の積は，写像の方では合成に対応する．(2)は b 倍す

る写像を先に施した後で a 倍する写像を施すことを表している．この場合には，合成の順序を逆にして，先に a 倍した後で b 倍しても同じ結果が得られるが，一般の関数や写像の合成では，順序が変ると一般には結果が異なるので注意されたい．たとえば，

$$f(x)=x+1,\quad g(x)=x^2$$

のとき，

$$f(g(x))=g(x)+1=x^2+1,\quad g(f(x))=(f(x))^2=(x+1)^2$$

となる．

2．線形写像と行列の演算

前節では1次元線形空間 $\boldsymbol{R}$ における線形写像である比例関係と，比例定数の実数としての演算との関係を調べた．今度は，これにならって，比例定数の拡張と考えられる行列の演算を導入しよう．

まず，平面ベクトルの1次変換を考えて，ベクトルや行列を，

$$\boldsymbol{x}=\begin{pmatrix} x_1 \\ x_2 \end{pmatrix},\quad \boldsymbol{x}'=\begin{pmatrix} x_1' \\ x_2' \end{pmatrix},\quad A=\begin{pmatrix} a_{11} & a_{12} \\ a_{21} & a_{22} \end{pmatrix},\quad B=\begin{pmatrix} b_{11} & b_{12} \\ b_{21} & b_{22} \end{pmatrix} \tag{3}$$

などで表そう．このとき，行列 A と B の和は，A および B の表す1次変換による $\boldsymbol{x}$ の像 $A\boldsymbol{x}$，$B\boldsymbol{x}$ の和 $A\boldsymbol{x}+B\boldsymbol{x}$ を $\boldsymbol{x}$ に対応させる1次変換を表す行列と定める．

$$\begin{aligned} A\boldsymbol{x}+B\boldsymbol{x}&=\begin{pmatrix} a_{11}x_1+a_{12}x_2 \\ a_{21}x_1+a_{22}x_2 \end{pmatrix}+\begin{pmatrix} b_{11}x_1+b_{12}x_2 \\ b_{21}x_1+b_{22}x_2 \end{pmatrix}=\begin{pmatrix} (a_{11}+b_{11})x_1+(a_{12}+b_{12})x_2 \\ (a_{21}+b_{21})x_1+(a_{22}+b_{22})x_2 \end{pmatrix} \\ &=\begin{pmatrix} a_{11}+b_{11} & a_{12}+b_{12} \\ a_{21}+b_{21} & a_{22}+b_{22} \end{pmatrix}\boldsymbol{x} \end{aligned}$$

となるから，

$$A+B=\begin{pmatrix} a_{11}+b_{11} & a_{12}+b_{12} \\ a_{21}+b_{21} & a_{22}+b_{22} \end{pmatrix} \tag{4}$$

となる．同様にして，スカラー k に対し，kA は $A\boldsymbol{x}$ の k 倍を $\boldsymbol{x}$ に対応させる1次変換を表す行列とすれば，

$$kA=k\begin{pmatrix} a_{11} & a_{12} \\ a_{21} & a_{22} \end{pmatrix}=\begin{pmatrix} ka_{11} & ka_{12} \\ ka_{21} & ka_{22} \end{pmatrix} \tag{5}$$

が得られる．加法についての結合法則，交換法則やスカラー倍との間の分配法則は，(4)，(5)を用いて直接確かめることもできるが，この導入法によれば，対応する平面ベクトルの性質から移行されることが分る．

次に，積 AB は，A および B の表す1次変換

$$\boldsymbol{x}''=A\boldsymbol{x}',\quad \boldsymbol{x}'=B\boldsymbol{x}$$

を合成した1次変換を表す行列となるように定める．

$$\begin{cases} x_1''=a_{11}x_1'+a_{12}x_2' \\ x_2''=a_{21}x_1'+a_{22}x_2', \end{cases} \quad \begin{cases} x_1'=b_{11}x_1+b_{12}x_2 \\ x_2'=b_{21}x_1+b_{22}x_2 \end{cases}$$

から，

$$\begin{aligned} x_1''&=a_{11}(b_{11}x_1+b_{12}x_2)+a_{12}(b_{21}x_1+b_{22}x_2) \\ &=(a_{11}b_{11}+a_{12}b_{21})x_1+(a_{11}b_{12}+a_{12}b_{22})x_2 \\ x_2''&=a_{21}(b_{11}x_1+b_{12}x_2)+a_{22}(b_{21}x_1+b_{22}x_2) \\ &=(a_{21}b_{11}+a_{22}b_{21})x_1+(a_{21}b_{12}+a_{22}b_{22})x_2 \end{aligned}$$

となるから，

$$\boldsymbol{x}''=(AB)\boldsymbol{x}=\begin{pmatrix} a_{11}b_{11}+a_{12}b_{21} & a_{11}b_{12}+a_{12}b_{22} \\ a_{21}b_{11}+a_{22}b_{21} & a_{21}b_{12}+a_{22}b_{22} \end{pmatrix}\boldsymbol{x}$$

となり，よく知られた積の法則

$$\begin{pmatrix} a_{11} & a_{12} \\ a_{21} & a_{22} \end{pmatrix}\begin{pmatrix} b_{11} & b_{12} \\ b_{21} & b_{22} \end{pmatrix}=\begin{pmatrix} a_{11}b_{11}+a_{12}b_{21} & a_{11}b_{12}+a_{12}b_{22} \\ a_{21}b_{11}+a_{22}b_{21} & a_{21}b_{12}+a_{22}b_{22} \end{pmatrix} \tag{6}$$

が導かれる．座標系を固定すれば1次変換と行列が1対1に対応するから，写像の合成が結合法則をみたすことから，対応する行列の積についての結合法則 $(AB)C=A(BC)$ が導かれる．

しかし，積についての交換法則 $AB=BA$ は一般には成り立たない．

例1 $A=\begin{pmatrix} 0 & 1 \\ 1 & 0 \end{pmatrix}$，$B=\begin{pmatrix} 1 & 0 \\ 0 & -1 \end{pmatrix}$ のとき，

$$AB=\begin{pmatrix} 0 & -1 \\ 1 & 0 \end{pmatrix},\quad BA=\begin{pmatrix} 0 & 1 \\ -1 & 0 \end{pmatrix}$$

ここにあげた行列 A は直線 $y=x$ に関する対称移動，B は x 軸に関する対称移動を表すが，AB はまず B を施してから A を施すので原点を中心とする90度の回転となり，BA は A を先に施してから B を施すので -90 度（時計まわり）の回転となるわけである．

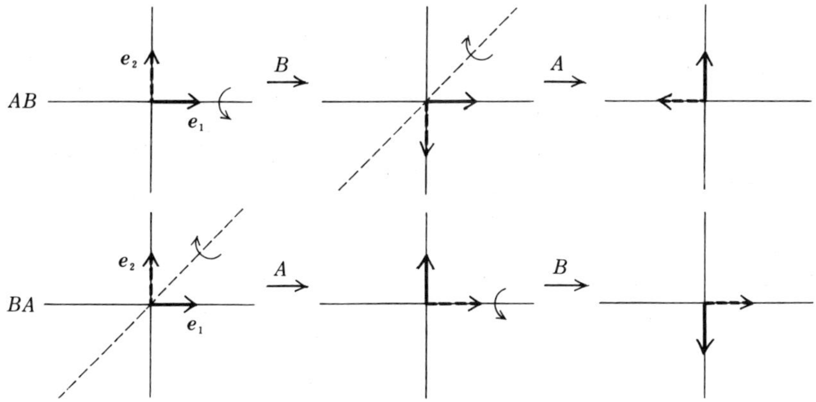

図1

3．一般の行列の演算

一般の行列の場合も，上に述べた平面ベクトルの1次変換の行列の場合と同じ考え方で演算が導入される．

2つの行列 A と B の和は，A と B が同じ型のときだけ定義され，ベクトルの和と同様対応する要素の和を作ればよい．スカラー k をかける演算も，ベクトルの場合のように各要素を k 倍したものとして得られる．これらは(4)，(5)から容易に類推できると思う．

また，$C=A+(-1)B$ とおくと，$C+B=A+(-1+1)B=A$ となる．このとき，$C=A-B$ と表す．

例2　$A=\begin{pmatrix}3 & 1 & 4\\ 1 & 5 & 9\end{pmatrix}$，$B=\begin{pmatrix}2 & 6 & 5\\ 3 & 5 & 8\end{pmatrix}$ のとき，

$$3A-2B=\begin{pmatrix}9 & 3 & 12\\ 3 & 15 & 27\end{pmatrix}+\begin{pmatrix}-4 & -12 & -10\\ -6 & -10 & -16\end{pmatrix}=\begin{pmatrix}5 & -9 & 2\\ -3 & 5 & 11\end{pmatrix}$$

次に，行列 A と行列 B の積について考えよう．積 AB は A の列の個数と B の行の個数が等しいときだけ定義される．いま，A を $l\times m$ 行列，B を $m\times n$ 行列とすると，B は n 次元数ベクトル空間 $V=\boldsymbol{R}^n$ から m 次元数ベクトル空間 $V'=\boldsymbol{R}^m$ への線形写像，A は $V'=\boldsymbol{R}^m$ から $V''=\boldsymbol{R}^l$ への線形写像を与えるから，これらの写像を合成することができる．合成写像は V から V'' への線形写像になり，これを表す $l\times n$ 行列が積 AB である．

実際の計算規則は，2次の正方行列の場合の(6)式と同様にして導かれる．(6)式の右辺の行列の要素は，左辺の A の行ベクトルと B の列ベクトルの対応する成分の積の和になっている．説明の便宜上，以下これを簡単に内積と表現することにする．一般の場合も，A が $1\times m$ 行列，B が $m\times 1$ 行列ならば，A を横ベクトル，B を縦ベクトルと考えて，

$$(a_{11}\quad a_{12}\quad a_{13})\begin{pmatrix} b_{11} \\ b_{21} \\ b_{31} \end{pmatrix}=(a_{11}b_{11}+a_{12}b_{21}+a_{13}b_{31})$$

のように内積を作ればよい．A が $l\times m$ 行列ならば，A の第1行，第2行，…，第 l 行に上のようにして B をかけたものを上から順に並べて $l\times 1$ 行列（l 次元の列ベクトル）を作る．

たとえば，$l=4$，$m=3$，$n=1$ のとき，

$$\begin{pmatrix} a_{11} & a_{12} & a_{13} \\ a_{21} & a_{22} & a_{23} \\ a_{31} & a_{32} & a_{33} \\ a_{41} & a_{42} & a_{43} \end{pmatrix}\begin{pmatrix} b_{11} \\ b_{21} \\ b_{31} \end{pmatrix}=\begin{pmatrix} a_{11}b_{11}+a_{12}b_{21}+a_{13}b_{31} \\ a_{21}b_{11}+a_{22}b_{21}+a_{23}b_{31} \\ a_{31}b_{11}+a_{32}b_{21}+a_{33}b_{31} \\ a_{41}b_{11}+a_{42}b_{21}+a_{43}b_{31} \end{pmatrix}$$

B が $m\times n$ 行列のときは，B の n 個の列ベクトルを上の要領で A にかけて得られる n 個の l 次元列ベクトルを，横に並べてできる $l\times n$ 行列が求めるものである．

たとえば，4×3 行列と 3×2 行列をかけると，

$$\begin{pmatrix} a_{11} & a_{12} & a_{13} \\ a_{21} & a_{22} & a_{23} \\ a_{31} & a_{32} & a_{33} \\ a_{41} & a_{42} & a_{43} \end{pmatrix}\begin{pmatrix} b_{11} & b_{12} \\ b_{21} & b_{22} \\ b_{31} & b_{32} \end{pmatrix}$$

$$=\begin{pmatrix} a_{11}b_{11}+a_{12}b_{21}+a_{13}b_{31} & a_{11}b_{12}+a_{12}b_{22}+a_{13}b_{32} \\ a_{21}b_{11}+a_{22}b_{21}+a_{23}b_{31} & a_{21}b_{12}+a_{22}b_{22}+a_{23}b_{32} \\ a_{31}b_{11}+a_{32}b_{21}+a_{33}b_{31} & a_{31}b_{12}+a_{32}b_{22}+a_{33}b_{32} \\ a_{41}b_{11}+a_{42}b_{21}+a_{43}b_{31} & a_{41}b_{12}+a_{42}b_{22}+a_{43}b_{32} \end{pmatrix}$$

となり，4×2 行列が得られる．

もう一度まとめると，A が $l\times m$ 行列，B が $m\times n$ 行列のとき $C=AB$ は $l\times n$ 行列で，C の $(i,\ j)$ 要素は A の第 i 行の行ベクトルと B の第 j 列の列ベクトルの内積として，

$$c_{ij}=a_{i1}b_{1j}+a_{i2}b_{2j}+\cdots+a_{im}b_{mj}=\sum_{k=1}^{m}a_{ik}b_{kj} \tag{7}$$

$$(i=1,\ 2,\ \cdots,\ l\ ;\ j=1,\ 2,\ \cdots,\ n)$$

で与えられる．

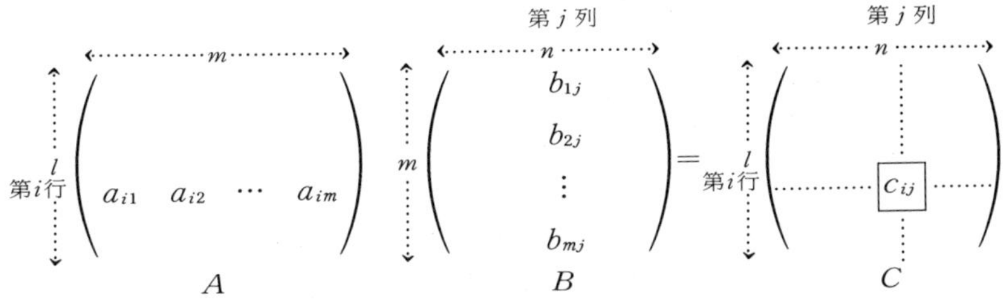

図2

実は，積の法則といえば(7)式だけ与えればよいわけだが，順を追って説明したのは，実際に計算する際 B の 1 つの列ごとに計算していくのが分り易いからである．

例 3　(i)　$$\begin{pmatrix} 1 & 4 & 1 \\ 4 & 2 & 1 \end{pmatrix}\begin{pmatrix} 3 \\ 5 \\ 6 \end{pmatrix}=\begin{pmatrix} 3+20+6 \\ 12+10+6 \end{pmatrix}=\begin{pmatrix} 29 \\ 28 \end{pmatrix}$$

(ii)　$$\begin{pmatrix} 0 & 0 & 1 \\ 1 & 0 & 0 \\ 0 & 1 & 0 \end{pmatrix}\begin{pmatrix} a_1 & b_1 \\ a_2 & b_2 \\ a_3 & b_3 \end{pmatrix}=\begin{pmatrix} a_3 & b_3 \\ a_1 & b_1 \\ a_2 & b_2 \end{pmatrix}$$

(iii) $$\begin{pmatrix} a_1 & b_1 \\ a_2 & b_2 \\ a_3 & b_3 \end{pmatrix}\begin{pmatrix} 1 & 0 \\ 1 & 1 \end{pmatrix}=\begin{pmatrix} a_1+b_1 & b_1 \\ a_2+b_2 & b_2 \\ a_3+b_3 & b_3 \end{pmatrix}$$

例 4　$A=(1 \quad 2)$，$B=\begin{pmatrix} 3 \\ 4 \end{pmatrix}$ のとき，

$$AB=(3+8)=(11),\quad BA=\begin{pmatrix} 3 & 6 \\ 4 & 8 \end{pmatrix}$$

4．数と行列の類似点と相違点

行列の演算においても数の演算のように加法と乗法が定義された．演算法則は数の場合と似ている点もあるが違う点もある．まず，似ている点をあげよう．

A，B，C 等は行列とし，式に出ている演算がすべて定義されるものとする．ここで，同じ文字も式が違えば別の行列を表す．

$$(A+B)+C=A+(B+C),\quad A+B=B+A,$$
$$(AB)C=A(BC),$$
$$A(B+C)=AB+AC,\quad (A+B)C=AC+BC$$

要素がすべて 0 の行列を**零行列**といい，O で表す．詳しくは 1 つの型ごとに 1 つあるが，型を明示しなくても通常問題は起らない．これは数の 0 に似た性質，

$$A+O=O+A=A,\quad OA=O',\quad AO=O'$$

をもつ．ここで，O' も零行列であるが，一般には O と型が異なる．違う式では同じ記号でも同じ型と限らない．

n 次の正方行列の $(i,\ i)$ 要素 $(i=1,\ 2,\ \cdots,\ n)$ を**対角要素**という．対角要素がすべて 1 で，他の要素がすべて 0 のとき n 次の**単位行列**といい，E_n または単に E で表す．たとえば，

$$E_2=\begin{pmatrix} 1 & 0 \\ 0 & 1 \end{pmatrix},\quad E_3=\begin{pmatrix} 1 & 0 & 0 \\ 0 & 1 & 0 \\ 0 & 0 & 1 \end{pmatrix}$$

である．A が $m \times n$ 行列のとき，

$$E_m A = A E_n = A$$

となり，E は乗法について数の 1 に似た性質をもつ．

A が正方行列のとき，AA も同じ次数の正方行列になる．これを A^2 で表す．同様にして，

$$A^2 A = A^3,\ A^3 A = A^4,\ \cdots$$

と定める．このとき，指数法則

$$A^m A^n = A^{m+n},\ (A^m)^n = A^{mn} \tag{8}$$

が成り立つ．

次に，行列の演算が数の演算と異なる点について述べる．まず，加法や乗法がすべての行列の間で定義されるわけではなく，これらが定義されるためには，**3** で述べたような行列の型についての制約がみたされねばならない．しかし，同じ次数の正方行列に限れば，数の場合と同様つねに加法，乗法が定義されるから，そういう場合だけを考えてみよう．

その場合でも，例 1 に示したように，乗法の交換法則

$$AB = BA \tag{9}$$

は一般には成り立たない．(9)が成り立つとき，A と B は**可換**あるいは交換可能であるという．(9)が成り立たないときは，

$$(A+B)^2 = A^2 + 2AB + B^2,\ (A+B)(A-B) = A^2 - B^2$$

はどちらも成り立たない．これらは，それぞれ

$$(A+B)^2 = A^2 + AB + BA + B^2,$$
$$(A+B)(A-B) = A^2 - AB + BA - B^2$$

としなければならない．

数の場合と異なるもう 1 つの点は，数の場合に成り立つ

$$ab = 0 \Rightarrow a = 0 \text{ または } b = 0$$

に相当する命題が成り立たないことである．

例 5　$A = \begin{pmatrix} 1 & -2 \\ -3 & 6 \end{pmatrix},\ B = \begin{pmatrix} 12 & 4 \\ 6 & 2 \end{pmatrix},\ C = \begin{pmatrix} 10 & 8 \\ 5 & 4 \end{pmatrix}$

とすると，

$$AB = BA = O,\ AC = O,\ CA \neq O$$

このように，$A \neq O$，$B \neq O$ でも $AB=O$ となることがある．したがって，$AB=AC$，$A \neq O$ であっても $B=C$ と結論することはできない．

5．行列の転置

横書きの文を行を変えずに縦書きにするときは，行を上から順に縦書きにして右から並べるが，行列 A のすべての行を縦書きにして列になおし，左から並べたものを A の**転置行列**といい，${}^tA$ で表す．このほか，A^t，A^T，A' などと表すこともある．たとえば，

$$A=\begin{pmatrix} 1 & 2 & 3 \\ 4 & 5 & 6 \end{pmatrix} \Rightarrow {}^tA=\begin{pmatrix} 1 & 4 \\ 2 & 5 \\ 3 & 6 \end{pmatrix}$$

である．

A が $m \times n$ 行列ならば ${}^tA$ は $n \times m$ 行列で，A の (i, j) 要素を a_{ij}，${}^tA$ の (j, i) 要素を a'_{ji} とすると，

$$a_{ij}=a'_{ji} \quad (i=1, 2, \cdots, m\,;\,j=1, 2, \cdots, n)$$

となる．定義から明らかなように，

$${}^t(A+B)={}^tA+{}^tB, \quad {}^t({}^tA)=A$$

が成り立つ．積に関する公式は注意を要する．

$$ {}^t(AB)={}^tB\,{}^tA \tag{10}$$

となって，右辺では ${}^tB$ に右から ${}^tA$ をかけることになるからである．

3．の図2の A，B に対し，(10)の右辺を $C'={}^tB\,{}^tA$，その (j, i) 要素を c'_{ji} とする．図2の記号を用い，これにならって ${}^tB\,{}^tA$ を作ると，

第 j 行 $\begin{pmatrix} b_{1j} & b_{2j} & \cdots & b_{mj} \end{pmatrix}$ $\begin{pmatrix} \text{第 } i \text{ 列} \\ a_{i1} \\ a_{i2} \\ \vdots \\ a_{im} \end{pmatrix}$ = 第 j 行 $\begin{pmatrix} \text{第 } i \text{ 列} \\ \cdots\boxed{c'_{ji}}\cdots \end{pmatrix}$

${}^tB$ ${}^tA$ C'

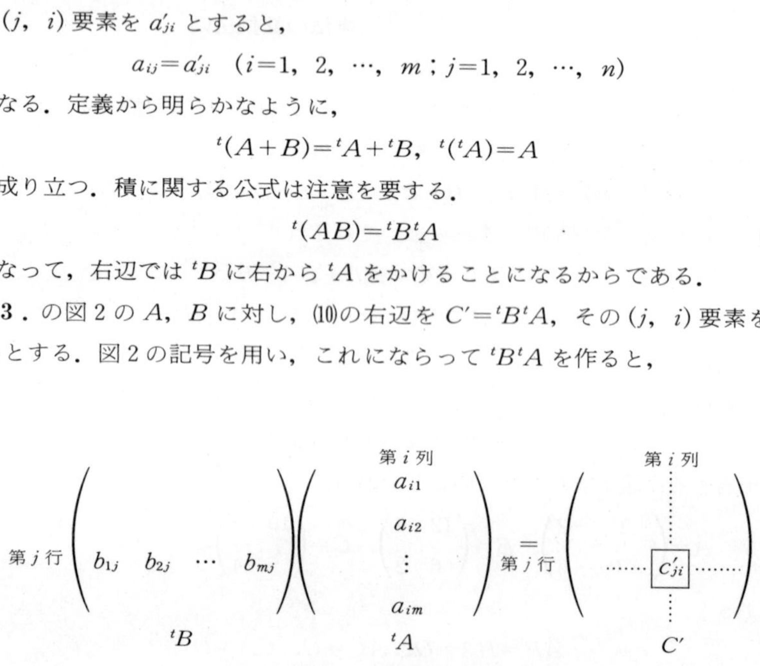

図3

となるから，(7)により，すべての $1 \leqq i \leqq l$，$1 \leqq j \leqq n$ に対して

$$c'_{ji} = b_{1j}a_{i1} + b_{2j}a_{i2} + \cdots + b_{mj}a_{im} = a_{i1}b_{1j} + a_{i2}b_{2j} + \cdots + a_{im}b_{mj} = c_{ij}.$$

よって，

$$C' = {}^tC = {}^t(AB)$$

となり，(10)が得られる．

しかし，(10)式を使うときいちいち理由を考えていたのでは仕方ないから，覚えておかなければならない．

「転置はひっくり返す，ひっくり返せば順は逆」

とでも覚えようか．

そこでぶつぶつ言っているのは誰ですか．何？AB を転置したら $\begin{matrix} {}^tA \\ {}^tB \end{matrix}$ にならないかだって，うーん…，A と B を並べただけならそうなるが，かけてあるのだから…，縦に並べたのでは演算にならないから無茶だよそれは…．

転置しても変らない行列，つまり，${}^tA = A$ となる行列を**対称行列**という．対称行列は必ず正方行列である．

例 6　$\begin{pmatrix} 1 & 2 \\ 2 & 3 \end{pmatrix}$, $\begin{pmatrix} 1 & 4 & 5 \\ 4 & 2 & 6 \\ 5 & 6 & 3 \end{pmatrix}$

はそれぞれ 2 次，3 次の対称行列である．

6．行変形と列変形

行列を変形するための規則を与えて，その規則に従って行列 A が行列 B に変形できるとき，A と B はある意味で同類であると考えることがある．規則の与え方は目的によっていろいろあるが，次の変形は応用上重要である．

［I］　ある行に 0 でない実数をかける

［II］　ある行の何倍かを他の行に加える

［III］　ある 2 つの行を交換する

これら3種の変形を総称して**基本行変形**という．これらを何回か続けて行ったものを**一般行変形**または単に**行変形**と呼ぶことにする．（行変換，行操作等を用いる人もある）．行列 A を行列 B に移す行変形があるとき，A は B に**行同値**であるという．

A が $m\times n$ 行列のとき，すべての基本行変形は適当な m 次の正方行列を左からかけることによって実現される．これらを合成した行変形についても，それぞれの基本行変形に対応する正方行列を順に左からかける代りに，それらの積である1つの正方行列を A の左からかければよい．

例7　$m=3$ のとき，

$$A=\begin{pmatrix} a_{11} & a_{12} & \cdots & a_{1n} \\ a_{21} & a_{22} & \cdots & a_{2n} \\ a_{31} & a_{32} & \cdots & a_{3n} \end{pmatrix},$$

$$P=\begin{pmatrix} 1 & 0 & 0 \\ 0 & k & 0 \\ 0 & 0 & 1 \end{pmatrix},\ Q=\begin{pmatrix} 1 & 0 & 0 \\ 0 & 1 & 0 \\ 0 & k & 1 \end{pmatrix},\ R=\begin{pmatrix} 0 & 1 & 0 \\ 1 & 0 & 0 \\ 0 & 0 & 1 \end{pmatrix}$$

として，P，Q，R を左から A にかけると，

$$PA=\begin{pmatrix} a_{11} & a_{12} & \cdots & a_{1n} \\ ka_{21} & ka_{22} & \cdots & ka_{2n} \\ a_{31} & a_{32} & \cdots & a_{3n} \end{pmatrix},$$

$$QA=\begin{pmatrix} a_{11} & a_{12} & \cdots & a_{1n} \\ a_{21} & a_{22} & \cdots & a_{2n} \\ a_{31}+ka_{21} & a_{32}+ka_{22} & \cdots & a_{3n}+ka_{2n} \end{pmatrix},$$

$$RA=\begin{pmatrix} a_{21} & a_{22} & \cdots & a_{2n} \\ a_{11} & a_{12} & \cdots & a_{1n} \\ a_{31} & a_{32} & \cdots & a_{3n} \end{pmatrix}$$

となり，それぞれ基本行変形[I]，[II]，[III]が施される．

$m\times n$ 行列 A に行変形を施すために A に左からかける m 次の正方行列は，次の原理によって簡単に求められる．

「$m\times n$ 行列 A にある行変形を施したいときは，m 次の単位行列 E にその行変形を施して得られる行列 M を左から A にかければよい．」

たとえば，例 7 の P は 3 次の単位行列 E の第 2 行を k 倍したもの，Q は E の第 2 行の 3 倍を第 3 行に加えたもの，R は E の第 1 行と第 2 行を交換したもので，それらを左から A にかけた PA，QA，RA は，それぞれ対応する行変形を A に施したものになっている．もっと一般に，第 1 行の k 倍を第 2 行から引き，第 1 行の h 倍を第 3 行から引きたいときは，E にこの行変形を施して得られる，

$$M=\begin{pmatrix} 1 & 0 & 0 \\ -k & 1 & 0 \\ -h & 0 & 1 \end{pmatrix}$$

を A の左からかければよい．

詳しい説明は省くが，m 行から成る行列にある行変形を施したいとき，1 つの正方行列 M を左からかけることにより，どんな m 行の行列にも同じ行変形を引き起すことができる．そのとき，ME は E にその行変形を施したものになるが，$M=ME$ だから，M 自身がそのようにして求められることになる．

列についても同様なことが考えられる．[I]，[II]，[III]の「行」を「列」でおき換えたものを**基本列変形**，それらを合成したものを**列変形**と呼ぼう．行列 A にその転置行列 ${}^tA$ を対応させれば，A に列変形を施すことは ${}^tA$ に行変形を施すことに対応する．**4.** で述べたように，行列の積の転置は各々を転置して積の順序を入れ換えたものになるから，列変形の方は，ある n 次の正方行列 N を右からかけることによって実現される．N は n 次の単位行列にその列変形を施すことによって得られる．

ここで用いたように，行列の転置の操作は行の性質から列の性質を導くのに役立つ．

練習問題 3

(☞解答 *176* ページ)

1. 次の行列の積を計算せよ．

(1) $\begin{pmatrix} 1 & 2 & 8 \\ 2 & 4 & 3 \end{pmatrix}\begin{pmatrix} 6 \\ 2 \\ 5 \end{pmatrix}$　　(2) $\begin{pmatrix} -2 & 7 \\ -1 & -2 \\ 6 & 9 \end{pmatrix}\begin{pmatrix} 2 & 5 \\ 1 & -2 \end{pmatrix}$

2．$A=\begin{pmatrix}1 & 2\\ 3 & 4\end{pmatrix}$，$B=\begin{pmatrix}2 & 0\\ 1 & 3\end{pmatrix}$，$C=\begin{pmatrix}7 & 5\\ 1 & 3\end{pmatrix}$のとき，次の等式の両辺を計算してそれらが等しいことを確かめよ．

(1)　$(AB)C=A(BC)$

(2)　$A(B+C)=AB+AC$

3．次の行列 A，B に対し，積 AB および BA を計算せよ．

(1)　$A=\begin{pmatrix}4 & 3 & 4\\ 2 & 9 & 4\end{pmatrix}$，$B=\begin{pmatrix}4 & 9\\ 8 & 0\\ 1 & 3\end{pmatrix}$

(2)　$A=(2\ \ 5\ \ -1)$，$B=\begin{pmatrix}0\\ 3\\ 4\end{pmatrix}$

4．次の行列と可換な行列はどんな行列か．その一般形を定めよ．

(1)　$\begin{pmatrix}1 & 0\\ 0 & -1\end{pmatrix}$　　(2)　$\begin{pmatrix}0 & 0 & 1\\ 0 & 1 & 0\\ 1 & 0 & 0\end{pmatrix}$

5．A，B が n 次の正方行列のとき，次の行列の多項式を展開せよ．

(1)　$(A+B)(A+2B)$

(2)　$(A+B)(A^2-AB+B^2)$

(3)　$(A+B)^3$

6．$3\times n$ 行列 A に次の行変形を施すには，A の左からどんな正方行列をかければよいか．

(1)　第1行を一番下（第3行）に移す．

(2)　第1行を2倍し，第2行を第3行から引く．

(3)　第2行と第3行を第1行に加え，第3行を第2行に加える．

7．次の行列を $m\times 3$ 行列 A に右からかけると，A にどんな列変形が施されるか．

(1)　$\begin{pmatrix}1 & 0 & 0\\ 0 & k & 0\\ 0 & 0 & h\end{pmatrix}$　　(2)　$\begin{pmatrix}1 & 0 & k\\ 0 & 1 & h\\ 0 & 0 & 1\end{pmatrix}$

(3)　$\begin{pmatrix}0 & 0 & 1\\ 0 & 1 & 0\\ 1 & 0 & 0\end{pmatrix}$

8．$E=\begin{pmatrix}1 & 0\\ 0 & 1\end{pmatrix}$, $J=\begin{pmatrix}0 & -1\\ 1 & 0\end{pmatrix}$, $\boldsymbol{x}=\begin{pmatrix}x\\ y\end{pmatrix}$

とする．

(1)　平面ベクトル $\boldsymbol{x}$ と $J\boldsymbol{x}$ の関係を図示せよ．

(2)　$a\boldsymbol{x}$ と $bJ\boldsymbol{x}$ の和を作図することによって，行列 $aE+bJ$ の表す 1 次変換で $\boldsymbol{x}$ がどんなベクトルに移るかを調べよ．

(3)　ベクトル $\boldsymbol{x}$ に複素数 $x+yi$ を対応させるとき，1 次変換 $aE+bJ$ を $\boldsymbol{x}$ に施すことは，対応する複素数 $x+yi$ に $a+bi$ をかけることに相当することを示せ．

第 4 章　1次変換と行列式

写像の大きさ測ってみよう

1．1次変換の大きさ

数学において，その対象となるものの大きさを考えることは絶えず行われる．数そのものが集合の大きさとしての個数を表すものとして生れ，長さ，面積といった量を表すものとして生長して来た．立体の体積はもちろん，式の次数，関数の定積分などもある意味の大きさを表している．そこで，いま1次変換の大きさを考えることにしよう．

大きさと言っても一通りにきまるわけではなく，見方によっていろいろな定め方ができる．人間の場合も，ジャイアント馬場のように背の高い人を大きいということもあるし，小錦のように重い人を大きいということもある．あるスポーツクラブのレベルを考えるとき，メンバーの実力の平均値を考えるのは妥当であるが，対外試合となれば選手となる上位者の力が重要だし，そのクラブに入ってやっていけるかを心配する入会希望者にとっては，下位者の程度の方が気がかりだろう．また，荷物についても，これを航空便で運ぶ場合などは重量が一番問題になるが，倉庫に保管する場合には体積の方が重要であろう．その価値を考えるときは，価格が一つの目安になるだろう．

数学においても，関数の大きさを考えるのに，最大値を考えるのがよい場合もあるし，平均値を考えるのがよい場合もある．たとえば，誤差を考察するとき，最悪の場合にどれだけの誤差が起りうるかを予測することは，危険を避ける場合には必須ではあるが，これとても結局はある確率で考えなければならない．そういう特別な要請がなければ，誤差の平均を小さくすることが望ましいだろう．しかし，平均についてもまたいろいろの考え方がある．絶対値の算術平均を用いる場合もあるし，２乗の平均の平方根をとることもある．大分くどくなったが，要は，「大きさ」と言っても，対象や用途によって定義を工夫しなければならないということである．

さて，１次元の線形写像では，すべてのベクトルの長さが同じ倍率で拡大（または縮小）されるから，その倍率を写像の大きさとするのが自然だろう．特に，数直線上のベクトルの１次変換を成分で表せば，

$$y = ax$$

という比例関係になり，比例定数 a の絶対値 $|a|$ が長さの倍率を表す．そこで，この $|a|$ を１次変換の大きさとすることが考えられるが，ここでは，便宜上符号まで考えて，比例定数 a 自身を１次変換の大きさと考えよう．

２次元ベクトル空間の１次変換になると，何を大きさと考えるかはもっと面倒になる．ベクトルの長さの倍率がベクトルの向きによって異なり，一様でなくなるからである．そこで，ベクトルの方向を変えたときの長さの倍率の最大値を１次変換の大きさと考えるのも一つの方法である．しかし，ここでは，２次元ベクトル空間の１次変換を，それらを位置ベクトルとする平面上の点の対応と考えた場合の面積の倍率を変換の大きさとしよう．幸い平面ベクトルの１次変換では，面積の倍率は平面図形の選び方に関係せず，一定になるからである．同様にして，３次元ベクトルの１次変換については，立体の体積の倍率を大きさと考えることにする．

２．１次変換による面積の倍率

行列

$$A = \begin{pmatrix} a_{11} & a_{12} \\ a_{21} & a_{22} \end{pmatrix} \tag{1}$$

で表される平面上の１次変換によって，平面図形の面積が何倍になるか調べてみよう．この倍率はどの図形についても同じだから，基本ベクトル $\boldsymbol{e}_1$，$\boldsymbol{e}_2$ を２辺とする正方形について考えればよい．１次変換

$$\boldsymbol{x}' = A\boldsymbol{x}$$

によって，$\boldsymbol{e}_1$，$\boldsymbol{e}_2$ はそれぞれ，A の列ベクトル

$$\boldsymbol{a}_1=\begin{pmatrix} a_{11} \\ a_{21} \end{pmatrix},\quad \boldsymbol{a}_2=\begin{pmatrix} a_{12} \\ a_{22} \end{pmatrix}$$

に移るから，$\boldsymbol{e}_1$，$\boldsymbol{e}_2$ を2辺とする面積1の正方形は，$\boldsymbol{a}_1$，$\boldsymbol{a}_2$ を2辺とする平行四辺形に変換される．よって，この平行四辺形の面積 S が，A の表す1次変換による面積の倍率になる．

次に，S の値を実際に行列 A の要素で表してみよう．ベクトル $\boldsymbol{a}_2$ の長さを a とし，これを底辺と考えたときの平行四辺形の高さを h とする．ベクトル $\boldsymbol{a}_2$ を負の向きに90度回転したベクトルを $\boldsymbol{a}$ とすると，$\boldsymbol{a}$ は底辺 $\boldsymbol{a}_2$ に垂直で長さが底辺の長さ a に等しいベクトルになる．$\boldsymbol{a}$ と $\boldsymbol{a}_1$ のなす角を θ とすると，図2から $h=|\boldsymbol{a}_1|\cos\theta$．これと $|\boldsymbol{a}|=|\boldsymbol{a}_2|=a$ とから，

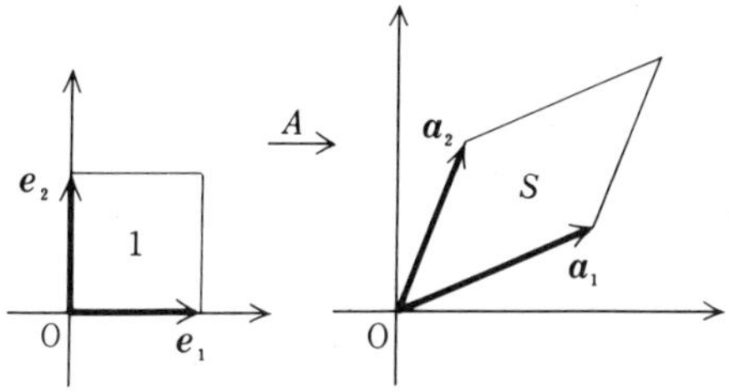

図1

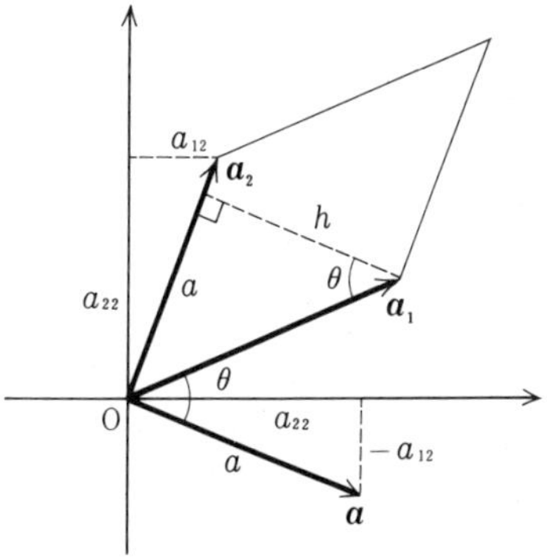

図2

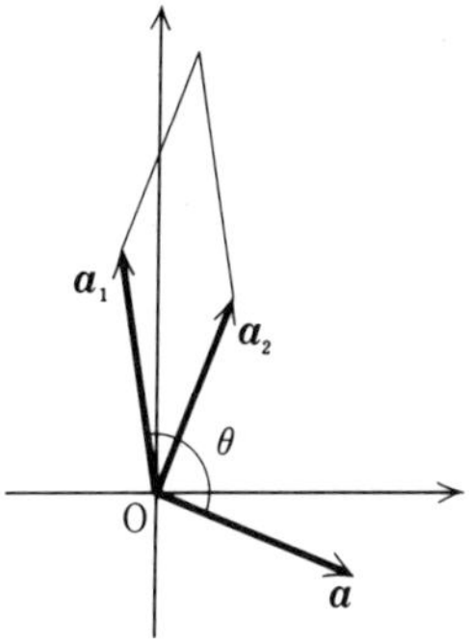

図3

$$S = ah = |\boldsymbol{a}||\boldsymbol{a}_1|\cos\theta = (\boldsymbol{a}_1,\ \boldsymbol{a}) \tag{2}$$

となり，S はベクトル $\boldsymbol{a}_1$ と $\boldsymbol{a}$ の内積になる．$\boldsymbol{a}$ の成分は，$\boldsymbol{a}_2$ の成分によって $\boldsymbol{a} = \begin{pmatrix} a_{22} \\ -a_{12} \end{pmatrix}$ と表されるから，内積の成分表示を用いると，(2)から

$$S = a_{11}a_{22} + a_{21}(-a_{12}) = a_{11}a_{22} - a_{21}a_{12} \tag{3}$$

これで，$\boldsymbol{a}_1$，$\boldsymbol{a}_2$ を2辺とする平行四辺形の面積，したがって，(1)式の行列 A の表す1次変換による面積の倍率を表す公式が得られた．$\boldsymbol{a}_1$ の方向から $\boldsymbol{a}_2$ の方向まで動径が回転する近い方の向きが，図1では正の回転（反時計まわり）になっているが，これが図3のように負の回転（時計まわり）になるときは，θ が鈍角になり，(2)の内積，したがって S の値が負になる．このように，(3)は実は符号つきの面積を表す．1次変換による面積の倍率と考えれば，$S<0$ となるのは裏返しに写像される場合である．

いま求めた S を表す(3)の右辺の値を与える式を，行列 A の表示式(1)の(　)の代りに記号|　|をつけて表したものを，行列 A に対応する**行列式**という．すなわち，

$$\begin{vmatrix} a_{11} & a_{12} \\ a_{21} & a_{22} \end{vmatrix} = a_{11}a_{22} - a_{21}a_{12}. \tag{4}$$

この右辺を，左辺の行列式の値という．行列式についても，**行**，**列**，**要素**，**対角要素**等の名称は行列の場合と同様に用いるが，2つの行列式の値が同じになるとき，これらの行列式が等しいという点が，行列の場合と全く異なる．見かけの違う2つの多項式の一方を変形して他方が導かれるとき，これらが等しいと言うのと同様と考えればよい．

式(4)を文字で覚えるのは大変だから，右の図で，実線で結んだ対角要素の積から，点線で結んだ2つの要素の積を引くと覚えるのがよい．

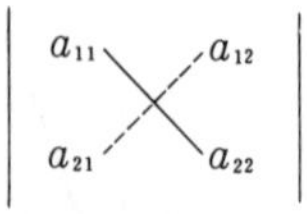

図4

例1

$$\begin{vmatrix} 5 & -3 \\ 4 & 7 \end{vmatrix} = 5\times7 - 4\times(-3) = 35 + 12 = 47$$

この値はベクトル $\begin{pmatrix} 5 \\ 4 \end{pmatrix}$，$\begin{pmatrix} -3 \\ 7 \end{pmatrix}$ を2辺とする平行四辺形の面積を与える．

公式を使わないで，直接計算して比較されたい．

行列 A に対応する行列式を，(4)の左辺の代りに簡単に $|A|$ と表すこともある．また，数の絶対値と同じ記号になるのを避けて，行列式を意味する determinant を略した $\det A$ を用いることもあるが，A は行列だから混同することはあるまい．しかし，$|A|$ は絶対値ではなく，上に述べたように負にもなるから注意されたい．また，行列式の絶対値などは，表し方を工夫する必要がある．

3．空間の１次変換による体積の倍率

２次元ベクトル空間の１次変換の大きさを面積の倍率で表すなら，３次元の場合は体積の倍率で表すのが自然であろう．この値は，平面の場合の面積の倍率を表す式(3)を基礎にして，平面の場合の公式を導いたのと同じ方法で求められる．

3×3 行列

$$A=\begin{pmatrix} a_{11} & a_{12} & a_{13} \\ a_{21} & a_{22} & a_{23} \\ a_{31} & a_{32} & a_{33} \end{pmatrix} \tag{5}$$

で表される空間の１次変換による体積の倍率を与える式を，

$$|A|=\begin{vmatrix} a_{11} & a_{12} & a_{13} \\ a_{21} & a_{22} & a_{23} \\ a_{31} & a_{32} & a_{33} \end{vmatrix} \tag{6}$$

で表し，A に対応する行列式という．行と列の数を明示したいときは，(4)を２次の行列式，(6)を３次の**行列式**という．

この場合の体積，したがってその倍率についても，数直線上の線分の長さや平面上の図形の面積の場合のように符号を考えることにする．まず，基本ベクトル $\boldsymbol{e}_1$，$\boldsymbol{e}_2$，$\boldsymbol{e}_3$ を３辺とする立方体の体積を１と定める．A の表す１次変換による基本ベクトルの像

$$\boldsymbol{a}_1=\begin{pmatrix} a_{11} \\ a_{21} \\ a_{31} \end{pmatrix},\quad \boldsymbol{a}_2=\begin{pmatrix} a_{12} \\ a_{22} \\ a_{32} \end{pmatrix},\quad \boldsymbol{a}_3=\begin{pmatrix} a_{13} \\ a_{23} \\ a_{33} \end{pmatrix} \tag{7}$$

を3辺とする平行六面体の体積を V とすると，$|A|=V$ となる．

$\boldsymbol{a}_1$，$\boldsymbol{a}_2$，$\boldsymbol{a}_3$ の方向をそれぞれ右手の親指，人さし指，中指で示したとき，これが自然な位置になるような $\boldsymbol{a}_1$，$\boldsymbol{a}_2$，$\boldsymbol{a}_3$ を**右手系**，対応する左手の指で示すのが自然になるようなものを**左手系**をなすということにする．言い換えれば，始点を O にしたとき，$\boldsymbol{a}_1$，$\boldsymbol{a}_2$，$\boldsymbol{a}_3$ の順にまわる向きが，O の方から見て右まわりになるのが右手系，左まわりになるのが左手系である．これらは本来座標系についての用語であるが，便宜上流用することにする．

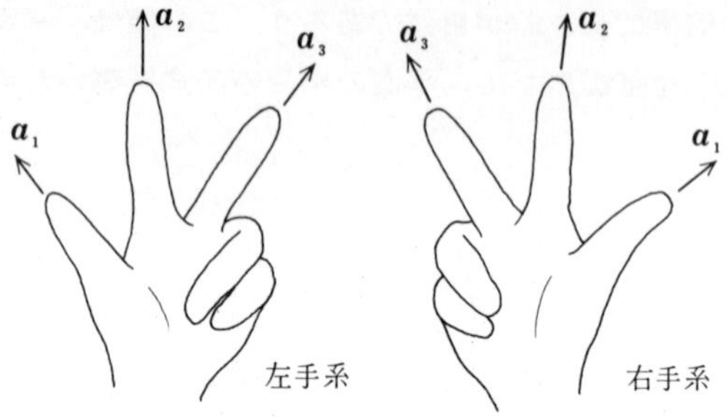

図5

$\boldsymbol{a}_1$，$\boldsymbol{a}_2$，$\boldsymbol{a}_3$ が右手系をなすとき $V>0$，左手系をなすとき $V<0$ によって符号を定めた V を符号つき体積という．$|A|=V$ によって，$|A|$ の符号も定まる．

V を求めるため，$\boldsymbol{a}_2$，$\boldsymbol{a}_3$ に垂直で，長さが $\boldsymbol{a}_2$，$\boldsymbol{a}_3$ を2辺とする平行四辺形の面積 S に等しいベクトル $\boldsymbol{S}$ を作る．このようなベクトルは2つあって，互いに反対向きになっているが，$\boldsymbol{S}$ の向きは $\boldsymbol{a}_2$，$\boldsymbol{a}_3$，$\boldsymbol{S}$ が右手系になるように定める．また，$S>0$ とする．この平行四辺形を底面と考えたとき，平行六面体の高さを h とし，$\boldsymbol{S}$ と $\boldsymbol{a}_1$ のなす角を θ とすると，

$$V=Sh=|\boldsymbol{S}||\boldsymbol{a}_1|\cos\theta=(\boldsymbol{a}_1,\ \boldsymbol{S}). \tag{8}$$

よって，$\boldsymbol{S}$ を成分表示すれば，$\boldsymbol{a}_1$ との内積として V が得られる．

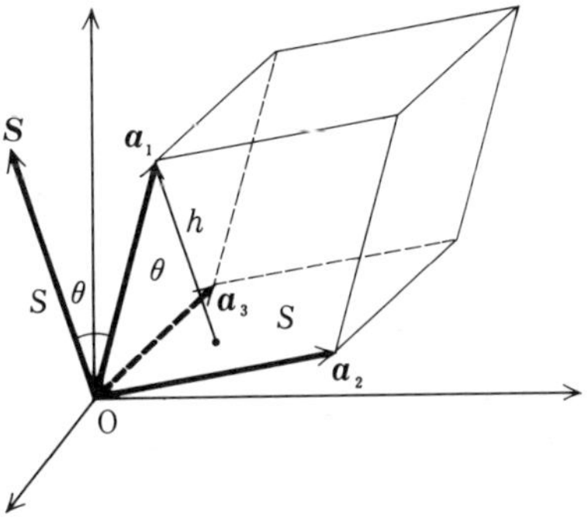

図６

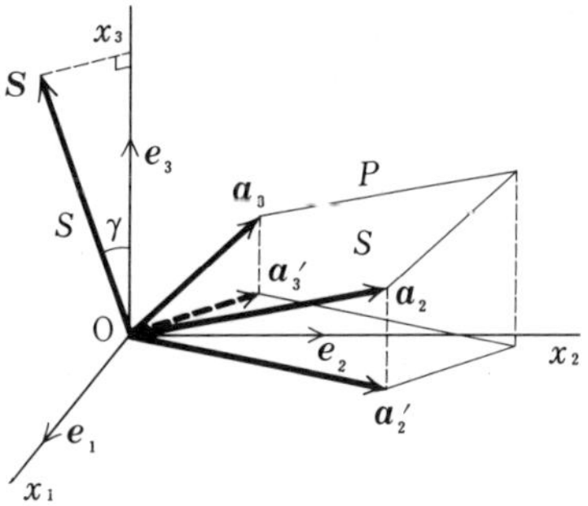

図７

$$\boldsymbol{S}=S_1\boldsymbol{e}_1+S_2\boldsymbol{e}_2+S_3\boldsymbol{e}_3$$

とするとき，どの成分も求め方は同じだから，S_3 を求めることにする．$\boldsymbol{S}$ と $\boldsymbol{e}_3$ のなす角を γ とすると，

$$S_3=S\cos\gamma \tag{9}$$

となる．一方，図７の平行四辺形 P が x_1x_2 平面となす角はそれらの法線のなす角 γ に等しいから，(9)は平行四辺形 P の x_1x_2 平面上への正射影の面積に等しい．図７で，$\boldsymbol{a}_2'$，$\boldsymbol{a}_3'$ を x_1x_2-平面上の平面ベクトルと考えると，その成分表示は，$\boldsymbol{a}_2$，$\boldsymbol{a}_3$ の x_3 成分を除いて，$\boldsymbol{a}_2'=\begin{pmatrix}a_{12}\\a_{22}\end{pmatrix}$，$\boldsymbol{a}_3'=\begin{pmatrix}a_{13}\\a_{23}\end{pmatrix}$ となる．

これらを２辺とする平行四辺形の面積を **2** の公式(4)によって求めると，

$$S_3=\begin{vmatrix}a_{12} & a_{13}\\ a_{22} & a_{23}\end{vmatrix}=a_{12}a_{23}-a_{22}a_{13} \tag{10}$$

となる．同様にして，S_1，S_2 を求めると，

$$S_1=\begin{vmatrix}a_{22} & a_{23}\\ a_{32} & a_{33}\end{vmatrix}=a_{22}a_{33}-a_{32}a_{23},\quad S_2=\begin{vmatrix}a_{32} & a_{33}\\ a_{12} & a_{13}\end{vmatrix}=a_{32}a_{13}-a_{12}a_{33}. \tag{11}$$

S_3 の要素の左の添字を $1\to2$，$2\to3$ と変えると S_1，S_1 で $2\to3$，$3\to1$ とすると S_2 になる．(7)，(8)から，

$$\begin{aligned}|A|=V&=a_{11}(a_{22}a_{33}-a_{32}a_{23})+a_{21}(a_{32}a_{13}-a_{12}a_{33})+a_{31}(a_{12}a_{23}-a_{22}a_{13})\\&=a_{11}a_{22}a_{33}+a_{21}a_{32}a_{13}+a_{31}a_{12}a_{23}-a_{11}a_{32}a_{23}-a_{31}a_{22}a_{13}-a_{21}a_{12}a_{33}\end{aligned} \tag{12}$$

となる．

$|A|$ の値を計算するのにこの式を用いてもよいが，S_1，S_2，S_3 を2次の行列式で表したものを用いて(8)から得られる式

$$\begin{vmatrix} a_{11} & a_{12} & a_{13} \\ a_{21} & a_{22} & a_{23} \\ a_{31} & a_{32} & a_{33} \end{vmatrix} = a_{11}\begin{vmatrix} a_{22} & a_{23} \\ a_{32} & a_{33} \end{vmatrix} - a_{21}\begin{vmatrix} a_{12} & a_{13} \\ a_{32} & a_{33} \end{vmatrix} + a_{31}\begin{vmatrix} a_{12} & a_{13} \\ a_{22} & a_{23} \end{vmatrix} \tag{13}$$

を用いる方が，後で定義する4次以上の行列式の計算との統一上好ましい．ここで，S_2 を表すのに(11)の行列式を用いないで，行を交換してマイナスをつけたのは，この方が左辺の3次の行列式との関連を考えるのに便利だからである．実際，(13)の右辺の2次の行列式のうち，最初のものは左辺の3次の行列式から a_{11} を含む行と列を除いたもの，次のものは a_{21} を含む行と列を除いたもの，最後のものは a_{31} を含む行と列を除いたものになっている．このようなものを2次の**小行列式**という．結局3次の行列式の計算は，(13)によって2次の行列式の計算に帰着される．

例2

$$\boldsymbol{a}_1 = \begin{pmatrix} 3 \\ 1 \\ 4 \end{pmatrix},\quad \boldsymbol{a}_2 = \begin{pmatrix} 2 \\ 6 \\ 5 \end{pmatrix},\quad \boldsymbol{a}_3 = \begin{pmatrix} 1 \\ 5 \\ 9 \end{pmatrix}$$

のとき，

$$|A| = \begin{vmatrix} 3 & 2 & 1 \\ 1 & 6 & 5 \\ 4 & 5 & 9 \end{vmatrix} = 3\begin{vmatrix} 6 & 5 \\ 5 & 9 \end{vmatrix} - \begin{vmatrix} 2 & 1 \\ 5 & 9 \end{vmatrix} + 4\begin{vmatrix} 2 & 1 \\ 6 & 5 \end{vmatrix}$$

$$= 3\times 29 - 13 + 4\times 4 = 90.$$

平行四辺形の面積の場合は直接図で考えてもそれ程面倒ではないが，平行六面体の体積になると，公式(13)の有用なことがわかると思う．

4．4次以上の行列式

A が2次または3次の正方行列のとき，それに対応する行列式 $|A|$ を，A の表す1次変換による面積，体積の倍率として導入したが，A が4次以上の正方行列の場合にはこのような図形的背景がない．しかし，幾何ベクト

ルのもつ長さや角という概念の自然な拡張として，4次元以上の数ベクトルに対して長さや角を定義したのと同じように，4次元以上の空間の1次変換に対して，体積の倍率という概念を導入しよう．

平面上の $\boldsymbol{a}_1$，$\boldsymbol{a}_2$ を2辺とする平行四辺形は，その内部の点まで含めて考えると，位置ベクトルが

$$k_1\boldsymbol{a}_1+k_2\boldsymbol{a}_2,\quad 0\leqq k_1\leqq 1,\quad 0\leqq k_2\leqq 1$$

の形で表される点の全体である．また，空間で $\boldsymbol{a}_1$，$\boldsymbol{a}_2$，$\boldsymbol{a}_3$ を3辺にもつ平行六面体では，1次結合

$$k_1\boldsymbol{a}_1+k_2\boldsymbol{a}_2+k_3\boldsymbol{a}_3,\quad 0\leqq k_i\leqq 1\quad (i=1,\ 2,\ 3)$$

の全体になる．よって，4次元ベクトル空間において，4つのベクトル $\boldsymbol{a}_1$，$\boldsymbol{a}_2$，$\boldsymbol{a}_3$，$\boldsymbol{a}_4$ に対し，

$$k_1\boldsymbol{a}_1+k_2\boldsymbol{a}_2+k_3\boldsymbol{a}_3+k_4\boldsymbol{a}_4,\quad 0\leqq k_i\leqq 1\quad (i=1,\ 2,\ 3,\ 4) \tag{14}$$

の全体を，$\boldsymbol{a}_1$，$\boldsymbol{a}_2$，$\boldsymbol{a}_3$，$\boldsymbol{a}_4$ を4辺とする4次元の平行八面体といい，特に，基本ベクトル $\boldsymbol{e}_1$，$\boldsymbol{e}_2$，$\boldsymbol{e}_3$，$\boldsymbol{e}_4$ を4辺とするものを4次元立方体ということにする．これに対し，平行四辺形の面積，平行六面体の体積の拡張となる概念を導入するのであるが，3次元以上はすべて体積という用語を用いる．

4次元の立体の体積という概念は直感的には与えられていないが，(14)で $k_1=0$ としたもの全体の作る（4次元空間内に置かれた）平行六面体を底とし，その体積に高さをかけたものと考える．この操作を，**3** で平行六面体の体積を計算した手順にならって形式的に行うと，この値が3次の行列式を用いて表される．その値を(14)の全体の表す4次元平行八面体の体積，したがってまた，4次元ベクトル空間の1次変換

$$A=\begin{pmatrix} a_{11} & a_{12} & a_{13} & a_{14} \\ a_{21} & a_{22} & a_{23} & a_{24} \\ a_{31} & a_{32} & a_{33} & a_{34} \\ a_{41} & a_{42} & a_{43} & a_{44} \end{pmatrix} \tag{15}$$

による4次元体積の倍率と考え，前と同様 $|A|$ で表す．

具体的には，

$$\begin{vmatrix} a_{11} & a_{12} & a_{13} & a_{14} \\ a_{21} & a_{22} & a_{23} & a_{24} \\ a_{31} & a_{32} & a_{33} & a_{34} \\ a_{41} & a_{42} & a_{43} & a_{44} \end{vmatrix} = a_{11}\begin{vmatrix} a_{22} & a_{23} & a_{24} \\ a_{32} & a_{33} & a_{34} \\ a_{42} & a_{43} & a_{44} \end{vmatrix} - a_{21}\begin{vmatrix} a_{12} & a_{13} & a_{14} \\ a_{32} & a_{33} & a_{34} \\ a_{42} & a_{43} & a_{44} \end{vmatrix}$$

$$+ a_{31}\begin{vmatrix} a_{12} & a_{13} & a_{14} \\ a_{22} & a_{23} & a_{24} \\ a_{42} & a_{43} & a_{44} \end{vmatrix} - a_{41}\begin{vmatrix} a_{12} & a_{13} & a_{14} \\ a_{22} & a_{23} & a_{24} \\ a_{32} & a_{33} & a_{34} \end{vmatrix} \qquad (16)$$

となる．この左辺を(15)の A に対応する4次の**行列式**という．右辺は，左辺の第1列の各要素にその要素を含む行と列を除いて得られる3次の小行列式をかけ，正負の符号を交互につけたものの和である．(13)，(16)のような式を，行列式の**第1列についての展開**という．これと同様な展開式を用いて，5次，6次，… の行列式を順次導入することができる．

1次の行列式は定義しなかったが，2次，3次の行列式の意味を考えると，1次の場合は1次変換による長さの倍率，つまり比例定数としての定数そのものと考えられる．このように定義するとき，2次の行列式の定義式(4)も第1列についての展開になっている．

ところで，3次の一般の行列式は(12)で与えられる6個の項をもつから，(16)の右辺にこの公式を適用すると6×4＝24個の項になる．5次の行列式を第1列について展開すると4次の小行列式が5個現れ，おのおのが24個の項をもつので120個，6次ではその6倍の720個，… になる．したがって，その値を計算するには直接展開式を用いず，何か工夫することが要求される．

ところで，公式(12)を覚えるのにも，2次の場合のように図を用いる方法がある．図8の実線で結ばれた3つずつの要素の積に＋の符号をつけ，点線で結ばれた3つずつの要素の積に－をつける方法

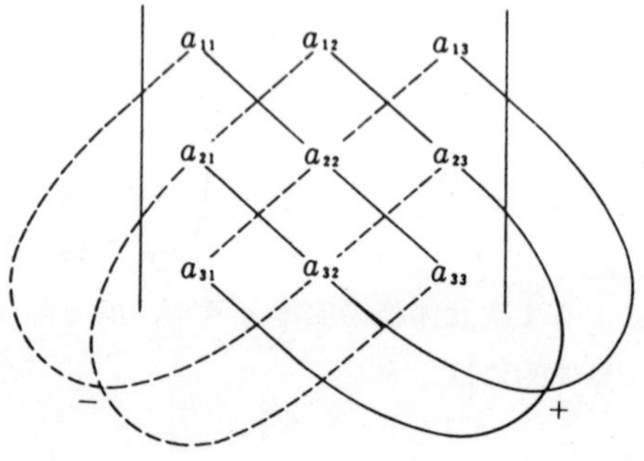

図8

で，**サラスの規則**と呼ばれている．

「4次以上の行列式についてはサラスの規則は適用されない」という表現を見ることがあるが，ちょっと注意すればわかるように，2次の場合の図4と3次の場合の図8は異なる規則である．図8では各要素から実線，点線の両方が出ているのに対し，図4ではそうなっていない．2次と3次で異なるのだから，4次以上に拡張することはこれだけからはできないし，4次の場合24個の項になることからも，簡単な直接的表現ができないことが分ると思う．したがって，計算を簡単にするためには，行列式の性質をもっと研究しなければならない．

5．空間ベクトルの外積

平行六面体の体積を求める際，図6の $\boldsymbol{a}_2$，$\boldsymbol{a}_3$ に対応してベクトル $\boldsymbol{S}$ を作った操作は，応用上よく用いられるのでもう一度まとめておこう．記号を少し変え，ここでは横ベクトルについて述べる．

2つのベクトル

$$\boldsymbol{a}=(a_1,\ a_2,\ a_3),\quad \boldsymbol{b}=(b_1,\ b_2,\ b_3)$$

に対し，$\boldsymbol{a}$ と $\boldsymbol{b}$ の両方に垂直で，長さが $\boldsymbol{a}$，$\boldsymbol{b}$ を2辺とする平行四辺形の面積 S を表すベクトル $\boldsymbol{S}$ を，$\boldsymbol{a}$ と $\boldsymbol{b}$ と $\boldsymbol{S}$ がこの順に右手系をなすように定める．このベクトル $\boldsymbol{S}$ を $\boldsymbol{a}$ と $\boldsymbol{b}$ の**外積**または**ベクトル積**といい，場合に応じて $\boldsymbol{a}\times\boldsymbol{b}$，$[\boldsymbol{a},\boldsymbol{b}]$，$\boldsymbol{a}\wedge\boldsymbol{b}$ 等の記号で表す．定義をまとめると，

$$\begin{cases}|\boldsymbol{a}\times\boldsymbol{b}|=|\boldsymbol{a}||\boldsymbol{b}|\sin\theta\ \ (\theta\ \text{は}\ \boldsymbol{a},\ \boldsymbol{b}\ \text{のなす角})\\ \boldsymbol{a}\times\boldsymbol{b}\ \text{は}\ \boldsymbol{a},\ \boldsymbol{b}\ \text{に垂直で，}\ \boldsymbol{a},\ \boldsymbol{b},\ \boldsymbol{a}\times\boldsymbol{b}\ \text{は右手系}\end{cases}$$

となる．

成分で表す式は**3**で求めた $\boldsymbol{S}$ の成分と同様

$$\boldsymbol{a}\times\boldsymbol{b}=(a_2b_3-a_3b_2,\ \ a_3b_1-a_1b_3,\ \ a_1b_2-a_2b_1)$$

となる．

順序を逆にして $\boldsymbol{b}\times\boldsymbol{a}$ とすると，長さは変らないが右手系の条件から向きが反対になる．よって，

$$\boldsymbol{b}\times\boldsymbol{a}=-\boldsymbol{a}\times\boldsymbol{b}$$

となる．また，結合法則が成り立たない点も普通の「積」という概念と異なるが，加法との間に分配法則

$$(\boldsymbol{a}+\boldsymbol{b})\times\boldsymbol{c}=\boldsymbol{a}\times\boldsymbol{c}+\boldsymbol{b}\times\boldsymbol{c},\quad \boldsymbol{a}\times(\boldsymbol{b}+\boldsymbol{c})=\boldsymbol{a}\times\boldsymbol{b}+\boldsymbol{a}\times\boldsymbol{c}$$

は成り立つ．

外積の記号を使うと，**3** の平行六面体の体積 V は，

$$V=(\boldsymbol{a}_1,\ \boldsymbol{a}_2\times\boldsymbol{a}_3)$$

と表される．

外積は物理学や工学への応用上大事なのだが，ここでは，応用例として空間の三角形の面積を求めてみよう．

例 3　P(2, 1, 4)，Q(5, 3, 8)，R(4, 7, 9) のとき，$\boldsymbol{a}=\overrightarrow{\mathrm{PQ}}$，$\boldsymbol{b}=\overrightarrow{\mathrm{PR}}$ とおくと，

$$\boldsymbol{a}=(3,\ 2,\ 4),\quad \boldsymbol{b}=(2,\ 6,\ 5)$$

$$\begin{aligned}\boldsymbol{a}\times\boldsymbol{b}&=(2\times5-4\times6,\ 4\times2-3\times5,\ 3\times6-2\times2)\\&=(-14,\ -7,\ 14)\end{aligned}$$

$$\triangle\mathrm{PQR}=\frac{1}{2}|\boldsymbol{a}\times\boldsymbol{b}|=\frac{1}{2}\sqrt{(-14)^2+(-7)^2+14^2}=\frac{21}{2}$$

練習問題 4

(☞解答 *177* ページ)

1．座標平面上に 3 点 A(4, 1)，B(2, 3)，C(−7, 2) がある．△AOB，△AOC，△BOC の面積を行列式を用いて表せ．また，それらの比を求めよ．

2．行列式 $\Delta=\begin{vmatrix}6&7&2\\1&5&9\\8&3&4\end{vmatrix}$ の値を，次の 2 つの方法で計算せよ．

(1)　展開式(13)を用いる．

(2)　第 8 図のサラスの規則を用いる．

3．右図を利用して，ベクトル

$$\boldsymbol{a}_1=\begin{pmatrix}a_{11}\\a_{21}\end{pmatrix},\qquad \boldsymbol{a}_2=\begin{pmatrix}a_{12}\\a_{22}\end{pmatrix}$$

を 2 辺にもつ平行四辺形の面積 S を表す公式を求めよ．

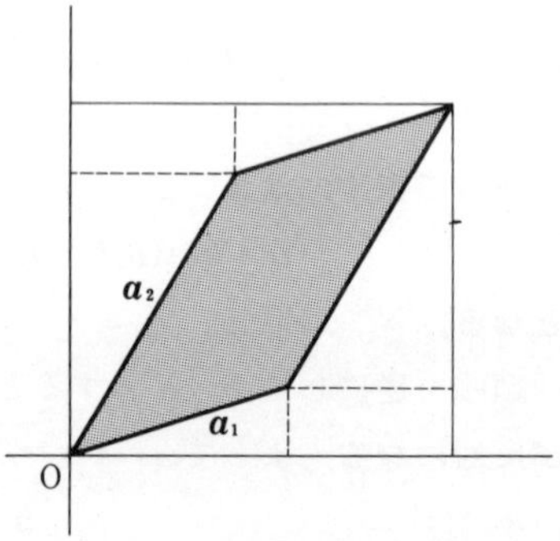

4．前問において，$\boldsymbol{a}_1$，$\boldsymbol{a}_2$ の長さをそれぞれ r_1，r_2 とし，$\boldsymbol{a}_1$，$\boldsymbol{a}_2$ が x 軸となす角をそれぞれ θ_1，θ_2 とする．

$$S = r_1 r_2 \sin(\theta_2 - \theta_1)$$

に加法定理を適用して，S を $\boldsymbol{a}_1$，$\boldsymbol{a}_2$ の成分で表す公式を導け．

5．空間において，長さ $r\ (\neq 0)$ の 2 つのベクトル $\boldsymbol{a}$，$\boldsymbol{b}$ をとり，それらの外積を作る．

(1)　$\boldsymbol{a}\times\boldsymbol{b}=\boldsymbol{0}$ となるのは，$\boldsymbol{a}$ と $\boldsymbol{b}$ がどういう関係のときか．

(2)　$\boldsymbol{a}\times\boldsymbol{b}$ の大きさが最大になるのはどういうときか．

(3)　上の(1)，(2)の場合，内積 $(\boldsymbol{a},\ \boldsymbol{b})$ はそれぞれどうなるか．

6．空間の 2 点 A(7, 5, 3)，B(2, 4, 6) と原点 O を頂点とする三角形 OAB について，

(1)　外積を用いて面積を求めよ．

(2)　xy-平面上への正射影の面積を求めよ．

7．空間ベクトル $\boldsymbol{a}(9,\ 2,\ -5)$，$\boldsymbol{b}(-3,\ 8,\ 7)$，$\boldsymbol{c}(4,\ -1,\ 6)$ を 3 辺にもつ四面体の体積を求めよ．

8．座標空間の 3 点 A_1，A_2，A_3 の位置ベクトル $\boldsymbol{a}_1$，$\boldsymbol{a}_2$，$\boldsymbol{a}_3$ が 1 次独立であるとき，OA_1，OA_2，OA_3 を 3 辺にもつ平行六面体は

$$\{k_1\boldsymbol{a}_1 + k_2\boldsymbol{a}_2 + k_3\boldsymbol{a}_3 \mid 0 \leqq k_i \leqq 1\ (i=1,\ 2,\ 3)\}$$

と表される．条件 $k_1=0$，$k_1=1$，$k_2=0$，$k_2=1$，$k_3=0$，$k_3=1$ をみたす点はそれぞれどんな図形を作るか．これらを図示せよ．

また，4 次元の平行八面体 (14) で，$k_4=0$ に対応する点の全体はどんな図形になるか．

第 5 章　行列式の性質

器具を使うにゃ使用書読もう

1．行列式の基本性質

この頃のように機械器具が文字通り日進月歩，絶えず新製品が現れる時代には，いまある器具の使い方を覚えるだけでなく，使用書を読んで新しい器具の使い方を理解できる能力が要求される．工学部の学生でも簡単な器具の使い方が分らないでまごついているのをよく見かけるが，これは使用書を作る側にも責任があるようだ．かく言う私は決して機械オンチではないのだが，つい無精して使用書を読まないで使い，ストップしてあわてて使用書を読む方なので，あまり口はばたいことを言えた義理ではないが．

行列式というのは非常に役に立つ道具だが，使い方を誤るととんでもない結果が出るし，性質をよく知らないと有効に活用することができない．そこで，まず行列式の基本性質を調べることにしよう．

2 次の行列式は平行四辺形の符号つき面積を表し，3 次の行列式は平行六面体の符号つき体積を表すということから容易に分る性質がある．

〔列についての線形性〕　行列式の 1 つの列のすべての要素を k 倍すると，これらの図形の 1 つの方向の辺を表すベクトルを k 倍することになるから，面積または体積が k 倍になり，行列式の値は k 倍になる．たとえば，

$$\begin{vmatrix} ka_{11} & a_{12} \\ ka_{21} & a_{22} \end{vmatrix} = k\begin{vmatrix} a_{11} & a_{12} \\ a_{21} & a_{22} \end{vmatrix}, \tag{1}$$

$$\begin{vmatrix} a_{11} & ka_{12} & a_{13} \\ a_{21} & ka_{22} & a_{23} \\ a_{31} & ka_{32} & a_{33} \end{vmatrix} = k\begin{vmatrix} a_{11} & a_{12} & a_{13} \\ a_{21} & a_{22} & a_{23} \\ a_{31} & a_{32} & a_{33} \end{vmatrix}.$$

図1は(1)式を表し，$\boldsymbol{a}_1=\begin{pmatrix} a_{11} \\ a_{21} \end{pmatrix}$，$\boldsymbol{a}_2=\begin{pmatrix} a_{12} \\ a_{22} \end{pmatrix}$は(1)の右辺の行列式の第1列，第2列に対応する．

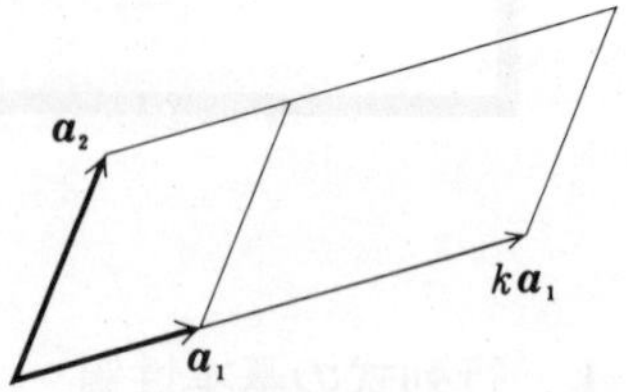

図1

次に，1つの列が2つの列ベクトルの和になるとする．たとえば，(1)で

$$\boldsymbol{a}_1=\boldsymbol{a}'_1+\boldsymbol{a}''_1,\quad \boldsymbol{a}'_1=\begin{pmatrix} a'_{11} \\ a'_{21} \end{pmatrix},\quad \boldsymbol{a}''_1=\begin{pmatrix} a''_{11} \\ a''_{21} \end{pmatrix}$$

とすると，行列式の関係は

$$\begin{vmatrix} a'_{11}+a''_{11} & a_{12} \\ a'_{21}+a''_{21} & a_{22} \end{vmatrix} = \begin{vmatrix} a'_{11} & a_{12} \\ a'_{21} & a_{22} \end{vmatrix} + \begin{vmatrix} a''_{11} & a_{12} \\ a''_{21} & a_{22} \end{vmatrix} \quad (2)$$

となる．これは，図2で $\boldsymbol{a}'_1$ の上の平行四辺形と $\boldsymbol{a}''_1$ の上の平行四辺形の面積の和が，$\boldsymbol{a}_1$ の上の平行四辺形の面積になることに相当する．関係式(1)，(2)は，2次の行列式の第2列を固定して，第1列のベクトルに行列式の値を対応させる写像が線形になることを示している．第2列についても，また，3次の行列式についても同様の関係が成り立つ．これを列についての線形性と呼ぼう．

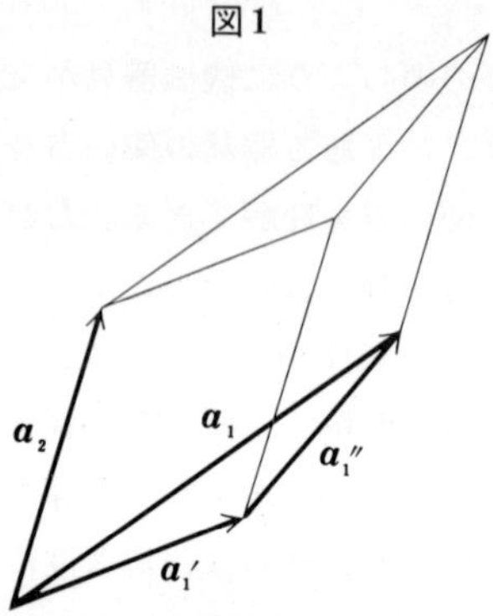

図2

〔**列についての交代性**〕　行列式の2つの列を交換すると値は符号だけ変る．2次の場合には平行四辺形の2辺の順が逆になり，3次の場合には3つの列ベクトルが右手系をなすか左手系をなすかが反対になり，図形自身は変らないから，面積と体積の符号の定め方から結果が得られる．たとえば，

$$\begin{vmatrix} a_{12} & a_{11} \\ a_{22} & a_{21} \end{vmatrix} = -\begin{vmatrix} a_{11} & a_{12} \\ a_{21} & a_{22} \end{vmatrix},\quad \begin{vmatrix} a_{13} & a_{12} & a_{11} \\ a_{23} & a_{22} & a_{21} \\ a_{33} & a_{32} & a_{31} \end{vmatrix} = -\begin{vmatrix} a_{11} & a_{12} & a_{13} \\ a_{21} & a_{22} & a_{23} \\ a_{31} & a_{32} & a_{33} \end{vmatrix}$$

となる．これを列についての交代性と言うことにする．

これらの性質は，定義式

$$\begin{vmatrix} a_{11} & a_{12} \\ a_{21} & a_{22} \end{vmatrix} = a_{11}a_{22} - a_{21}a_{12} \tag{3}$$

$$\begin{vmatrix} a_{11} & a_{12} & a_{13} \\ a_{21} & a_{22} & a_{23} \\ a_{31} & a_{32} & a_{33} \end{vmatrix}$$

$$= a_{11}a_{22}a_{33} + a_{21}a_{32}a_{13} + a_{31}a_{12}a_{23} - a_{11}a_{32}a_{23} - a_{31}a_{22}a_{13} - a_{21}a_{12}a_{33} \tag{4}$$

からも容易に導かれる．列についての線形性は，ある1つの列の成分だけに着目して他の成分を係数とみるとき，(3)，(4)の右辺がそれらの文字の1次の同次式になることに起因している．

定義式(3)，(4)からほかの基本性質も導かれる．

正方行列や行列式において，対角要素を結ぶ線（図3の点線）を**主対角線**という．行列式の各要素を主対角線に関して対称に移すことを，行列の場合と同様に**転置**するという．これについて次の重要な性質が成り立つ．

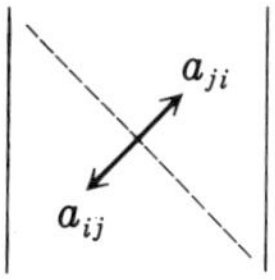

図3

〔**行と列の対称性**〕　行列式を転置してもその値は変らない．

実際，(3)，(4)を転置すると a_{ij} が a_{ji} になるから，添字の左右をすべて入れ換えればよい．このとき(3)の転置は

$$\begin{vmatrix} a_{11} & a_{21} \\ a_{12} & a_{22} \end{vmatrix} = a_{11}a_{22} - a_{12}a_{21}$$

となるが，右辺第2項の積の順序を変えれば(3)の右辺に一致する．また，(4)の転置は

$$\begin{vmatrix} a_{11} & a_{21} & a_{31} \\ a_{12} & a_{22} & a_{32} \\ a_{13} & a_{23} & a_{33} \end{vmatrix}$$

$$= a_{11}a_{22}a_{33} + a_{12}a_{23}a_{31} + a_{13}a_{21}a_{32} - a_{11}a_{23}a_{32} - a_{13}a_{22}a_{31} - a_{12}a_{21}a_{33}$$

となるが，この右辺の各項の積の順序を右側の添字が1，2，3の順になるように変えると，

右辺 $= a_{11}a_{22}a_{33} + a_{31}a_{12}a_{23} + a_{21}a_{32}a_{13} - a_{11}a_{32}a_{23} - a_{31}a_{22}a_{13} - a_{21}a_{12}a_{33}$

となり，(4)の右辺に等しいことが分る．

行列式の行と列の対称性はそれ自身を直接使うこともあるが，この性質によって，上に述べた線形性や交代性等の列についての性質が行についても同様に成り立つことが分る点でも重要である．たとえば，行列式のある行を k 倍するとき，転置した行列式では対応する列を k 倍することになるから列についの線形性により値が k 倍になるが，転置しても値が変らないから，もとの行列式の値が k 倍になる．

2．余　因　数

3次の行列式(4)を Δ で表すと，第1列についての展開は

$$\Delta=a_{11}\begin{vmatrix}a_{22} & a_{23}\\ a_{32} & a_{33}\end{vmatrix}-a_{21}\begin{vmatrix}a_{12} & a_{13}\\ a_{32} & a_{33}\end{vmatrix}+a_{31}\begin{vmatrix}a_{12} & a_{13}\\ a_{22} & a_{23}\end{vmatrix} \tag{5}$$

となる．この式は，(4)の右辺を第1列の要素 a_{11}，a_{21}，a_{31} について整理したものである．第2列，第3列の要素について同じように整理すると，

$$\Delta=-a_{12}\begin{vmatrix}a_{21} & a_{23}\\ a_{31} & a_{33}\end{vmatrix}+a_{22}\begin{vmatrix}a_{11} & a_{13}\\ a_{31} & a_{33}\end{vmatrix}-a_{32}\begin{vmatrix}a_{11} & a_{13}\\ a_{21} & a_{23}\end{vmatrix}$$

$$=a_{13}\begin{vmatrix}a_{21} & a_{22}\\ a_{31} & a_{32}\end{vmatrix}-a_{23}\begin{vmatrix}a_{11} & a_{12}\\ a_{31} & a_{32}\end{vmatrix}+a_{33}\begin{vmatrix}a_{11} & a_{12}\\ a_{21} & a_{22}\end{vmatrix}$$

と表される．これらの式で，a_{ij} の係数は Δ から a_{ij} を含む行と列（第 i 行と第 j 列）を除いてできる2次の小行列式に ＋ と － を交互につけたものになっている．この係数を Δ における a_{ij} の**余因数**または余因子といい，A_{ij} で表す．小行列式の前の符号は $(-1)^{i+j}$ となるが，a_{ij} が図4の ＋ の位置にあるとき ＋，－ の位置にあるとき － と考えた方が実用的である．たとえば，a_{21} の余因数は Δ から第2行と第1列を除いた小行列式に － をつけて

$$\begin{vmatrix}+ & - & +\\ - & + & -\\ + & - & +\end{vmatrix}$$

図4

$$A_{21}=-\begin{vmatrix}a_{12} & a_{13}\\ a_{32} & a_{33}\end{vmatrix}$$

となる．

$$\begin{vmatrix}a_{11} & a_{12} & a_{13}\\ a_{21} & a_{22} & a_{23}\\ a_{31} & a_{32} & a_{33}\end{vmatrix}$$

図5

余因数の記号を用いると，列についての展開式は

$$\Delta = a_{11}A_{11} + a_{21}A_{21} + a_{31}A_{31} = a_{12}A_{12} + a_{22}A_{22} + a_{32}A_{32}$$
$$= a_{13}A_{13} + a_{23}A_{23} + a_{33}A_{33}$$

となる．これらをまとめて１つの式で表せば，

$$\Delta = a_{1j}A_{1j} + a_{2j}A_{2j} + a_{3j}A_{3j} \qquad (j=1,\ 2,\ 3). \tag{6}$$

このように，余因数の記号を使うと，どの列についての展開も同じ形の式で表される．ここでは第 j 列についての展開式を導くのに定義式を第 j 列について整理したが，第１列についての展開さえ分っていれば，列についての交代性を用いて第 j 列についての展開式を導くことができる．たとえば，第３列について展開する場合は第３列を左にある２つの列と順に交換して，

$$\begin{vmatrix} a_{11} & a_{12} & a_{13} \\ a_{21} & a_{22} & a_{23} \\ a_{31} & a_{32} & a_{33} \end{vmatrix} = -\begin{vmatrix} a_{11} & a_{13} & a_{12} \\ a_{21} & a_{23} & a_{22} \\ a_{31} & a_{33} & a_{32} \end{vmatrix} = \begin{vmatrix} a_{13} & a_{11} & a_{12} \\ a_{23} & a_{21} & a_{22} \\ a_{33} & a_{31} & a_{32} \end{vmatrix}$$

というように第３列を左端に移してから第１列について展開すればよい．

ところで，行列式は転置しても値が変らないから，転置してから列について展開すると，もとの行列式の行についての展開式が得られる．その際余因数も転置されるが，これも行列式だから転置しても値が変らないので，第 i 行についての展開式は次のようになる．

$$\Delta = a_{i1}A_{i1} + a_{i2}A_{i2} + a_{i3}A_{i3} \qquad (i=1,\ 2,\ 3) \tag{7}$$

3．行列式の計算

上に述べた行列式の性質を行列式の値の計算に役立てるために，まずこれらをもう一度まとめておこう．

〔1〕 行列式を転置しても値は変らない．

〔2〕 １つの行または列を（ベクトルと考えて）k 倍すると値は k 倍になる．

〔3〕 １つの列を２つの列ベクトルの和で表すとき，その列をそれらの列ベクトルでおき換えてできる２つの行列式の和はもとの行列式に等しい．行についても同様の性質が成り立つ．

〔4〕　2つの行または2つの列を交換すると，値は符号だけ変る．

〔5〕　1つの行または1つの列の各要素にその余因数をかけて加えると，行列式の値が得られる．

これらから導かれる次の性質も，計算の際よく使われる．

〔6〕　行列式のどれか1つの行または列の要素がすべて0ならば，行列式の値は0である．

〔7〕　行列式の2つの行または2つの列が一致すれば，行列式の値は0である．

〔8〕　行列式のある行の何倍かを他の行に加えても，また，ある列の何倍かを他の列に加えても，行列式の値は変らない．

性質〔1〕により，〔6〕，〔7〕，〔8〕の証明は列について行えばよい．〔6〕は〔2〕で $k=0$ の場合を考えればよい．〔7〕，〔8〕を証明する前に，これらを使う例を示しておこう．

例1

$$\begin{vmatrix} 1 & 4 & 7 \\ 2 & 5 & 8 \\ 3 & 6 & 9 \end{vmatrix} \overset{\text{第3列}-\text{第2列}}{=} \begin{vmatrix} 1 & 4 & 3 \\ 2 & 5 & 3 \\ 3 & 6 & 3 \end{vmatrix} \overset{\text{第2列}-\text{第1列}}{=} \begin{vmatrix} 1 & 3 & 3 \\ 2 & 3 & 3 \\ 3 & 3 & 3 \end{vmatrix} = 0$$

はじめの2つの ＝ は〔8〕を用い -1 倍を加えた．また，最後は第2列と第3列が一致したから〔7〕を用いる．

例2　行列式で表された多項式の因数分解

$$\varDelta = \begin{vmatrix} 1 & 1 & 1 \\ a & b & c \\ a^2 & b^2 & c^2 \end{vmatrix}$$

$a=b$ とおくと第1列と第2列が一致するから，$\varDelta=0$ となる．a に b を代入したとき0になるのだから，a についての多項式と考えて因数定理を使うと，$\varDelta$ は $a-b$ で割り切れる（a についての多項式として $\varDelta$ を $a-b$ で割るとき，商は a についてだけでなく，a，b，c 全体についても多項式となることに注意されたい）．また，$a=c$ とおくと第1列と第3列が一致するから $\varDelta=0$．よって $\varDelta$ は $a-c$ でも割れる．$b=c$ のときも $\varDelta=0$ となるから $\varDelta$ は $b-c$ でも割れ，したがって，それらの積で割れる．

$$\varDelta = k(a-b)(a-c)(b-c) \tag{8}$$

と表すとき，$\varDelta$ は 3 次式だから k は定数である．

k の値を求めるため，(8)の両辺の bc^2 の係数を比べてみよう．左辺の $\varDelta$ では，この項は対角要素の積だけだから係数は 1，右辺では 3 つの 1 次因数の第 2 項の積から得られ，係数は $-k$．これらが等しいことから $k=-1$．よって，

$$\varDelta = -(a-b)(a-c)(b-c)$$

さて，〔 7 〕の証明であるが，簡単のため 3 次の行列式の第 1 列と第 2 列が一致したとして，

$$\varDelta = \begin{vmatrix} a_{11} & a_{11} & a_{13} \\ a_{21} & a_{21} & a_{23} \\ a_{31} & a_{31} & a_{33} \end{vmatrix}$$

とおく．$\varDelta$ の第 1 列と第 2 列を交換したものを $\varDelta'$ で表すと，列についての交代性〔 4 〕により $\varDelta' = -\varDelta$ となる．しかし，$\varDelta$ の第 1 列と第 2 列は一致しているから，これらを交換しても変らないはずで，$\varDelta' = \varDelta$ となる．よって，$\varDelta = -\varDelta$ となり，$\varDelta = 0$ が得られる．

次に，〔 8 〕を 3 次の行列式の第 1 列の k 倍を第 2 列に加える場合について証明しよう．

$$\varDelta = \begin{vmatrix} a_{11} & a_{12} & a_{13} \\ a_{21} & a_{22} & a_{23} \\ a_{31} & a_{32} & a_{33} \end{vmatrix} \tag{9}$$

にこの操作（簡単に，第 2 列＋第 1 列×k と表す）を施したものを $\varDelta'$ とすると，列についての線形性〔 3 〕，〔 2 〕により，

$$\varDelta' = \begin{vmatrix} a_{11} & a_{12}+ka_{11} & a_{13} \\ a_{21} & a_{22}+ka_{21} & a_{23} \\ a_{31} & a_{32}+ka_{31} & a_{33} \end{vmatrix} = \begin{vmatrix} a_{11} & a_{12} & a_{13} \\ a_{21} & a_{22} & a_{23} \\ a_{31} & a_{32} & a_{33} \end{vmatrix} + \begin{vmatrix} a_{11} & ka_{11} & a_{13} \\ a_{21} & ka_{21} & a_{23} \\ a_{31} & ka_{31} & a_{33} \end{vmatrix}$$

$$= \varDelta + k \begin{vmatrix} a_{11} & a_{11} & a_{13} \\ a_{21} & a_{21} & a_{23} \\ a_{31} & a_{31} & a_{33} \end{vmatrix} = \varDelta$$

となり，〔8〕が得られる．最後の = は，左辺第2項の行列式が第1列と第2列が一致して0になることによる．一般の場合も全く同様に証明される．

行列式の値を計算するのに，性質〔1〕～〔8〕を利用することができる．たとえば，(9)の行列式 Δ の値を求める場合を考えよう．第1列の要素がすべて0ならば〔6〕によって値は0になるから，0でないものがあるとしよう．$a_{11}=0$ のとき，行の交換によって0でない要素を a_{11} の位置に移せばよいから，はじめから $a_{11}\neq 0$ と仮定する．

第2行－第1行×$\dfrac{a_{21}}{a_{11}}$，第3行－第1行×$\dfrac{a_{31}}{a_{11}}$ により，

$$\Delta=\begin{vmatrix} a_{11} & a_{12} & a_{13} \\ 0 & a'_{22} & a'_{23} \\ 0 & a'_{32} & a'_{33} \end{vmatrix},\quad a'_{ij}=a_{ij}-\frac{a_{1j}\times a_{i1}}{a_{11}}\qquad (i,\ j=2,\ 3) \tag{10}$$

となる．ここで(5)を使うと，

$$\Delta=a_{11}\begin{vmatrix} a'_{22} & a'_{23} \\ a'_{32} & a'_{33} \end{vmatrix} \tag{11}$$

となり，3次の行列式の計算が2次の場合に帰着される．実際の計算では，第1列でなくても，どれか1つの行または列についてこのような計算をすればよい．

例3　次の Δ の値を求めよう．

$$\Delta=\begin{vmatrix} -3 & 4 & 0 \\ 7 & -6 & 1 \\ 8 & 5 & 2 \end{vmatrix}$$

第3列が扱いやすいので，ここを簡単にしよう．第3行－第2行×2により変形し，第3列について展開すると，

$$\Delta=\begin{vmatrix} -3 & 4 & 0 \\ 7 & -6 & 1 \\ -6 & 17 & 0 \end{vmatrix}=-\begin{vmatrix} -3 & 4 \\ -6 & 17 \end{vmatrix}\overset{\text{第2行－第1行×2}}{=}-\begin{vmatrix} -3 & 4 \\ 0 & 9 \end{vmatrix}=-(-27)=27$$

注意　ここで「第3行－第2行×2」というのは「第2行の2倍を第3行から引く」ことの略記で，その際第2行を変えてはならない．もし第2行を2倍してしまったり，第3行－第2行×2の結果を第2行に書いたりして，

$$\begin{vmatrix} -3 & 4 & 0 \\ 14 & -12 & 2 \\ -6 & 17 & 0 \end{vmatrix}, \qquad \begin{vmatrix} -3 & 4 & 0 \\ -6 & 17 & 0 \\ 8 & 5 & 2 \end{vmatrix}$$

などとすると，値はそれぞれ2倍，-2倍になってしまい，本当の値が得られない．

4．4次以上の行列式の性質

前節で行列式の性質〔1〕～〔8〕を用いて，3次の行列式の計算を，2次の行列式1個の計算に帰着させた．これらの性質は**1.**で2次，3次の行列式について示した基本性質と，**2.**で述べた第1列についての展開式から導かれた．4次以上の場合にも同じ性質が成り立つので，(11)を導いたのと同じようにして順に次数が1つずつ小さい行列式に落すことによって値が計算できる．

4次以上の行列式についても，要素a_{ij}の余因数A_{ij}を3次の場合と同様に定めると，第1列についての展開式

$$\Delta = a_{11}A_{11} + a_{21}A_{21} + \cdots + a_{n1}A_{n1} \tag{12}$$

によって，$n-1$次の行列式を用いたn次の行列式の定義が与えられる．この定義に従えば，証明するのは，基本性質としてあげた列についての線形性と交代性および行と列との対称性だけでよい．

4次の行列式の場合を調べてみよう．定義式は

$$\Delta = \begin{vmatrix} a_{11} & a_{12} & a_{13} & a_{14} \\ a_{21} & a_{22} & a_{23} & a_{24} \\ a_{31} & a_{32} & a_{33} & a_{34} \\ a_{41} & a_{42} & a_{43} & a_{44} \end{vmatrix} = a_{11}A_{11} + a_{21}A_{21} + a_{31}A_{31} + a_{41}A_{41} = \sum_{i=1}^{4} a_{i1}A_{i1}, \tag{13}$$

$$A_{11} = \begin{vmatrix} a_{22} & a_{23} & a_{24} \\ a_{32} & a_{33} & a_{34} \\ a_{42} & a_{43} & a_{44} \end{vmatrix}, \quad A_{21} = -\begin{vmatrix} a_{12} & a_{13} & a_{14} \\ a_{32} & a_{33} & a_{34} \\ a_{42} & a_{43} & a_{44} \end{vmatrix},$$

$$A_{31} = \begin{vmatrix} a_{12} & a_{13} & a_{14} \\ a_{22} & a_{23} & a_{24} \\ a_{42} & a_{43} & a_{44} \end{vmatrix}, \quad A_{41} = -\begin{vmatrix} a_{12} & a_{13} & a_{14} \\ a_{22} & a_{23} & a_{24} \\ a_{32} & a_{33} & a_{34} \end{vmatrix}$$

となるから，A_{i1} を(4)によって計算して(13)に代入すれば，$\varDelta$ の値が求められ，

$$\begin{aligned}\varDelta=&a_{11}(a_{22}a_{33}a_{44}+a_{32}a_{43}a_{24}+a_{42}a_{23}a_{34}-a_{22}a_{43}a_{34}-a_{42}a_{33}a_{24}-a_{32}a_{23}a_{44})\\&-a_{21}(a_{12}a_{33}a_{44}+a_{32}a_{43}a_{14}+a_{42}a_{13}a_{34}-a_{12}a_{43}a_{34}-a_{42}a_{33}a_{14}-a_{32}a_{13}a_{44})\\&+a_{31}(a_{12}a_{23}a_{44}+a_{22}a_{43}a_{14}+a_{42}a_{13}a_{24}-a_{12}a_{43}a_{24}-a_{42}a_{23}a_{14}-a_{22}a_{13}a_{44})\\&-a_{41}(a_{12}a_{23}a_{34}+a_{22}a_{33}a_{14}+a_{32}a_{13}a_{24}-a_{12}a_{33}a_{24}-a_{32}a_{23}a_{14}-a_{22}a_{13}a_{34})\\=&\sum\varepsilon_{ijkl}a_{i1}a_{j2}a_{k3}a_{l4}\end{aligned}\tag{14}$$

と表すことができる．ここで，$ijkl$ は1，2，3，4を並べてできる順列全体を動き，ε_{ijkl} はそれに関連して定まる符号で，$+1$ または -1 を表す．

この符号を定めるため，順列を2つの種類に分類する．順列の2つの数字を入れ換えることを**互換**と呼び，数字 p と q の互換を (pq) で表す．このとき，すべての順列 $ijkl$ は，基本の順列1234に何回かの互換を施して得られる．たとえば，順列3421は

$$1234\xrightarrow{(13)}3214\xrightarrow{(24)}3412\xrightarrow{(12)}3421$$

として得られる．順列 $ijkl$ が基本の順列1234から偶数回の互換で得られるとき**偶順列**，奇数回の互換で得られるとき**奇順列**といい，偶順列のとき符号を $+1$，奇順列のとき -1 と定める．3421は奇順列である．

順列が偶順列か奇順列かを直接判定する方法がある．順列の2つの数字について，大きい方が小さい方の左にあるときこれらの2数の間に転倒があるといい，転倒のある2数の組の数をその順列の**転倒の数**という．たとえば，上にあげた順列3421では，転倒があるのは3と2，3と1，4と2，4と1，2と1の5組だから転倒の数は5である．この転倒の数が偶順列では偶数，奇順列では奇数になるので，これによって偶順列か奇順列かを判定できるのである．このことは，基本の順列1234では転倒の数は0で，順列に互換を1回施すと転倒の数が必ず奇数だけ増減することから分る．互換 $(i\,j)$ を施すとき，転倒の数の変化に関係するのは i，j と，この2数の間に並んでいる数だけである．$i<j$ とすると，この2数の間に並ぶ数のうち，i より小さいかまたは j より大きい数は i と j を入れ換えても転倒の数の変化に影響しない．また，$i<k<j$ ではじめに左から i，k，j の順になっているときは，

k の関係する転倒の数が 2 増加し，j，k，i の順のときは 2 減少する．したがって，これらの増減の総和は偶数で，それに i と j との間の転倒が 1 だけ増減するから，全体として転倒の数の変化は奇数になる．

順列が偶順列か奇順列かを定める 2 つの方法はそれぞれの長所をもっている．まず第一に，順列を互換によって導く方法は一通りではなく，用いる互換の個数も一定ではないけれど，その個数が偶数か奇数かは互換の選び方に関係しないため符号がうまく定義できるのだが，このことは，互換の数が偶数か奇数かが，転倒の数という順列に固有な数が偶数か奇数かに一致することで保証される．

4 次の行列式を(13)によって定義するとき，(14)の係数 ε_{ijkl} がいま定めた符号になることは，転倒の数によって確かめられる．その前にまず 3 次の行列式の展開式(4)の場合を調べておこう．

項	左添字の順列	導くための互換	転倒の数	符号
$a_{11}a_{22}a_{33}$	123		0	$+1$
$a_{21}a_{32}a_{13}$	231	(12)，(13)	2	$+1$
$a_{31}a_{12}a_{23}$	312	(13)，(12)	2	$+1$
$a_{11}a_{32}a_{23}$	132	(23)	1	-1
$a_{31}a_{22}a_{13}$	321	(13)	3	-1
$a_{21}a_{12}a_{33}$	213	(12)	1	-1

このように，(4)の各項の符号は，上述のようにして左添字の順列から定めた符号になっている．4 次の場合，(13)の 1 つの項 $a_{i1}A_{i1}$ を考えると，余因数の符号の定め方から，

$$a_{i1}A_{i1}=a_{i1}(-1)^{i-1}\sum\varepsilon_{jkl}a_{j2}a_{k3}a_{l4}$$

と表される．ここで，j，k，l は 1，2，3，4 から i を除いた残りの 3 つの数で，和はそれらの順列全体にわたる．また，ε_{jkl} はこれらの 3 つの数の順列に対して 1，2，3 の順列の場合と同様にして定めた符号である．この式と(14)を比較すると，

$$\varepsilon_{ijkl}=(-1)^{i-1}\varepsilon_{jkl}$$

となるが，j，k，l の中には i より小さい数が $i-1$ 個あるから，順列 $ijkl$

の転倒の数は順列 jkl の転倒の数より $i-1$ 多い．よって，この値は順列 $i\,j\,k\,l$ の定める符号になる．

4次の行列式 $\varDelta$ の値を表す(14)式から基本性質を導くのには，互換の数による偶順列と奇順列の定義が用いられる．(14)の各項で2つの文字の順序を交換すると，右の添字の順列にも左の添字の順列にもともに1回の互換が施されるから，右の添字の順列から左の添字の順列を導くための互換の数が偶数か奇数かは積の順序に関係なく，これに応じて符号が $+1$ または -1 になる．基本性質のうち，列についての線形性は(14)の各項がどの列の要素も1つずつ含むことから分る．列についての交代性を調べるため，たとえば第1列と第2列を交換すると，$a_{i1}a_{j2}a_{k3}a_{l4}$ は $a_{i2}a_{j1}a_{k3}a_{l4}$ に変り，右添字の順列から左添字の順列を導く互換の数が1と2を交換する分1つだけ変るから，符号が対応する $\varDelta$ の項と反対になる．よって，全体の値は $-\varDelta$ になる．他の2列の交換でも同様である．最後に，行と列を交換すると，$a_{i1}a_{j2}a_{k3}a_{l4}$ は $a_{1i}a_{2j}a_{3k}a_{4l}$ に変るが，この右添字の順列 $i\,j\,k\,l$ から左添字の順列1234を導くには，順列1234から順列 $i\,j\,k\,l$ を導くのに用いた互換を逆の順序で施せばよいから互換の数が同じになり，対応する $\varDelta$ の項と符号も一致する．よって，値は変らない．

他の性質はいま証明した基本性質から2次，3次の場合と同様にして導かれる．5次以上の行列式も同じように定義され，上述と同様にして基本性質をみたすから，性質〔1〕～〔8〕がすべての行列式について成り立つ．

例4

$$\varDelta=\begin{vmatrix} a_{11} & a_{12} & a_{13} & a_{14} \\ 0 & a_{22} & a_{23} & a_{24} \\ 0 & 0 & a_{33} & a_{34} \\ 0 & 0 & 0 & a_{44} \end{vmatrix}$$

第1列についての展開を繰り返し用いると，

$$\varDelta=a_{11}\begin{vmatrix} a_{22} & a_{23} & a_{24} \\ 0 & a_{33} & a_{34} \\ 0 & 0 & a_{44} \end{vmatrix}=a_{11}a_{22}\begin{vmatrix} a_{33} & a_{34} \\ 0 & a_{44} \end{vmatrix}=a_{11}a_{22}a_{33}a_{44}.$$

この例のように，主対角線の下にある要素がすべて0であるような行列式を**三角行列式**と呼ぶことにする.

三角行列式の値は対角要素の積になる.

練習問題 5 (☞解答 177 ページ)

1. 2次の行列式について，性質〔8〕に対応する式

$$\begin{vmatrix} a_{11} & a_{12}+ka_{11} \\ a_{21} & a_{22}+ka_{21} \end{vmatrix} = \begin{vmatrix} a_{11} & a_{12} \\ a_{21} & a_{22} \end{vmatrix}$$

を，平行四辺形の面積として図解せよ.

2. 3次の行列式の定義式(4)の右辺を第1行の要素 a_{11}, a_{12}, a_{13} について整理することにより，$i=1$ に対する(7)式を確かめよ.

3. 次の3次の行列式を，例3のように行列式の性質を利用して2次の行列式に帰着させて計算せよ．また，その値が直接定義式から求めたものと一致することを確かめよ.

(1) $\begin{vmatrix} 0 & 5 & 7 \\ 1 & 3 & 8 \\ 2 & 4 & 6 \end{vmatrix}$　　(2) $\begin{vmatrix} 3 & 7 & -4 \\ 2 & -5 & 6 \\ 1 & 2 & -1 \end{vmatrix}$

4. 次の行列式を行列式の性質を利用して因数分解せよ．また，この結果を展開式と比較して等式を導け.

(1) $\begin{vmatrix} 1 & 1 & 1 \\ a & b & c \\ bc & ca & ab \end{vmatrix}$　　(2) $\begin{vmatrix} 1 & a & a^3 \\ 1 & b & b^3 \\ 1 & c & c^3 \end{vmatrix}$　　(3) $\begin{vmatrix} a & b & c \\ c & a & b \\ b & c & a \end{vmatrix}$

5. 次の行列式の値を求めよ.

(1) $\begin{vmatrix} 0 & 7 & 1 & 4 \\ 1 & 4 & 2 & 5 \\ 2 & 5 & 8 & 6 \\ 3 & 6 & 9 & 3 \end{vmatrix}$　　(2) $\begin{vmatrix} 8 & 2 & -3 & 6 \\ 3 & -4 & 1 & 5 \\ -9 & 6 & 0 & -7 \\ 4 & -7 & -1 & 2 \end{vmatrix}$

6. 4個の数字1，2，3，4の順列全体24個を左端の数字について分類して表にし，転倒の数を数えてそれらが偶順列か奇順列かを調べよ．また，これらに対応する（これらを左添字にもつ）(14)の項の符号との関係を調べよ.

7. 4次の行列式の展開式(14)を第1行の要素 a_{11}, a_{12}, a_{13}, a_{14} について整理し，

$$\Delta = a_{11}A_{11} + a_{12}A_{12} + a_{13}A_{13} + a_{14}A_{14}$$

を導け.

8．順列538697142について，転倒のある2つの数字の組をすべて記せ．また，この順列に互換（48）を施して534697182とするとき，転倒の状態がどのように変るかを調べよ．

第 6 章　行列式の応用

縦横に使いこなそう行列式

1．2次の行列式と連立1次方程式

行列

$$A=\begin{pmatrix} a_{11} & a_{12} \\ a_{21} & a_{22} \end{pmatrix} \tag{1}$$

に対応する2次の行列式は，

$$|A|=\begin{vmatrix} a_{11} & a_{12} \\ a_{21} & a_{22} \end{vmatrix}=a_{11}a_{22}-a_{21}a_{12} \tag{2}$$

によって定義され，次のような幾何学的意味をもっている．

(i)　列ベクトル $\boldsymbol{a}_1=\begin{pmatrix} a_{11} \\ a_{21} \end{pmatrix}$，$\boldsymbol{a}_2=\begin{pmatrix} a_{12} \\ a_{22} \end{pmatrix}$

　を2辺とする平行四辺形の（符号つき）面積

(ii)　A の表す線形写像による面積の倍率（負の値は裏返しの写像を表す）

しかし，歴史的には行列式は連立1次方程式を解くために考案された．まず，簡単な場合である2元1次連立方程式について考えよう．

$$\begin{cases} a_{11}x_1+a_{12}x_2=b_1 \\ a_{21}x_1+a_{22}x_2=b_2 \end{cases} \tag{3}$$

から x_2 を消去すると，

$$(a_{11}a_{22}-a_{21}a_{12})x_1=b_1a_{22}-b_2a_{12}$$

この式は，(2)により，

$$\begin{vmatrix} a_{11} & a_{12} \\ a_{21} & a_{22} \end{vmatrix} x_1 = \begin{vmatrix} b_1 & a_{12} \\ b_2 & a_{22} \end{vmatrix}$$

と表される．同様にして，(3)から x_1 を消去すると，

$$\begin{vmatrix} a_{11} & a_{12} \\ a_{21} & a_{22} \end{vmatrix} x_2 = \begin{vmatrix} a_{11} & b_1 \\ a_{21} & b_2 \end{vmatrix}$$

となる．ここで，

$$\varDelta = \begin{vmatrix} a_{11} & a_{12} \\ a_{21} & a_{22} \end{vmatrix}, \quad \varDelta_1 = \begin{vmatrix} b_1 & a_{12} \\ b_2 & a_{22} \end{vmatrix}, \quad \varDelta_2 = \begin{vmatrix} a_{11} & b_1 \\ a_{21} & b_2 \end{vmatrix} \tag{4}$$

とおくと，

$$\varDelta x_1 = \varDelta_1, \quad \varDelta x_2 = \varDelta_2$$

よって，$\varDelta \neq 0$ のとき，

$$x_1 = \frac{\varDelta_1}{\varDelta}, \quad x_2 = \frac{\varDelta_2}{\varDelta} \tag{5}$$

となる．これが2元の場合の**クラメルの公式**である．

ここで，(4)式の成り立ちをはっきりさせるため，(3)の係数から成る縦ベクトルを

$$\boldsymbol{a}_1 = \begin{pmatrix} a_{11} \\ a_{21} \end{pmatrix}, \quad \boldsymbol{a}_2 = \begin{pmatrix} a_{12} \\ a_{22} \end{pmatrix}, \quad \boldsymbol{b} = \begin{pmatrix} b_1 \\ b_2 \end{pmatrix}$$

とおこう．そうすると，連立1次方程式(3)は

$$x_1 \begin{pmatrix} a_{11} \\ a_{21} \end{pmatrix} + x_2 \begin{pmatrix} a_{12} \\ a_{22} \end{pmatrix} = \begin{pmatrix} b_1 \\ b_2 \end{pmatrix} \tag{6}$$

あるいは，簡単に

$$x_1 \boldsymbol{a}_1 + x_2 \boldsymbol{a}_2 = \boldsymbol{b}$$

と表される．

クラメルの公式(5)の分母 $\varDelta$ は(3)の左辺の係数の行列式で，第1列の列ベクトル $\boldsymbol{a}_1$ の成分は(3)式の x_1 の係数，第2列 $\boldsymbol{a}_2$ は x_2 の係数から成る．(5)の x_1 の分子 $\varDelta_1$ は，$\varDelta$ において，x_1 の係数を表す第1列を(3)あるいは(6)の右辺の $\boldsymbol{b}$ でおき換えたものになり，また，x_2 の分子 $\varDelta_2$ は x_2 の係数を表す第2列を $\boldsymbol{b}$ でおき換えたものになっている．

例1　$\begin{cases}5x_1+8x_2=9\\7x_1+10x_2=6\end{cases}$

$$\varDelta=\begin{vmatrix}5 & 8\\7 & 10\end{vmatrix}=50-56=-6,\quad \varDelta_1=\begin{vmatrix}9 & 8\\6 & 10\end{vmatrix}=90-48=42,$$

$$\varDelta_2=\begin{vmatrix}5 & 9\\7 & 6\end{vmatrix}=30-63=-33$$

よって，

$$x_1=\frac{42}{-6}=-7,\quad x_2=\frac{-33}{-6}=\frac{11}{2}$$

（検算）第1式に代入すると，

$$\text{左辺}=5\times(-7)+8\times\frac{11}{2}=-35+44=9=\text{右辺}$$

注意　検算は両方の式に代入して調べた方が確かだが，一方だけ試しても効果のあることが多い．

公式や定理に親しくなるためには，ただ導いたり証明するだけでなくいろいろな観点から眺めた方がよいので，ここでクラメルの公式を図形上で考えてみよう．

$$\boldsymbol{e}_1=\begin{pmatrix}1\\0\end{pmatrix},\quad \boldsymbol{e}_2=\begin{pmatrix}0\\1\end{pmatrix},\quad \boldsymbol{x}=\begin{pmatrix}x_1\\x_2\end{pmatrix}$$

とおくと，$A\boldsymbol{e}_1=\boldsymbol{a}_1$，$A\boldsymbol{e}_2=\boldsymbol{a}_2$ となり，また，連立1次方程式(3)は簡単に

$$A\boldsymbol{x}=\boldsymbol{b} \tag{7}$$

と表される．したがって，連立1次方程式(7)の解を $\boldsymbol{x}$ とすると，A の表す1次変換により，図1(i)のベクトル $\boldsymbol{e}_1$，$\boldsymbol{e}_2$，$\boldsymbol{x}$ が，それぞれ(ii)のベクトル $\boldsymbol{a}_1$，$\boldsymbol{a}_2$，$\boldsymbol{b}$ に写像される．このとき，$\boldsymbol{x}$，$\boldsymbol{e}_2$ を2辺とする平行四辺形は，$\boldsymbol{b}$，$\boldsymbol{a}_2$ を2

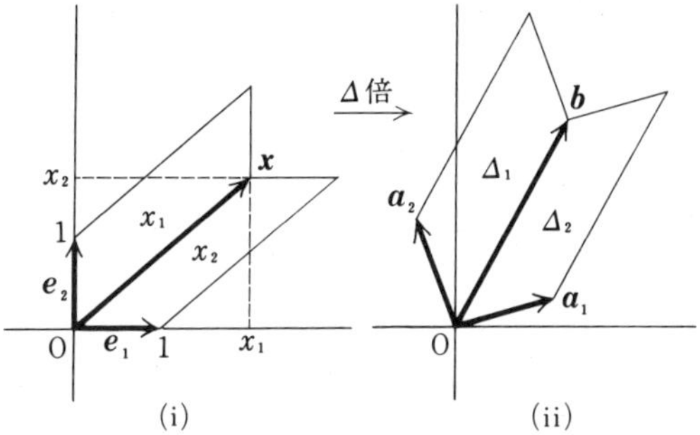

図1

辺とする平行四辺形に写像される．それらの平行四辺形の面積は，行列式で表され，それぞれ

$$\begin{vmatrix} x_1 & 0 \\ x_2 & 1 \end{vmatrix} = x_1, \quad \begin{vmatrix} b_1 & a_{12} \\ b_2 & a_{22} \end{vmatrix} = \varDelta_1$$

となるが，この1次変換で面積はすべて $|A| = \varDelta$ 倍されるから，$\varDelta x_1 = \varDelta_1$ となる．$\boldsymbol{e}_1$，$\boldsymbol{x}_1$ を2辺とする平行四辺形を考えると，同様にして $\varDelta x_2 = \varDelta_2$ となり，クラメルの公式が得られる．なお，$\boldsymbol{x}$，$\boldsymbol{e}_2$ を2辺とする平行四辺形の面積が x_1 となり，$\boldsymbol{e}_1$，$\boldsymbol{x}$ を2辺とするものが x_2 となることは，図1(i)からも容易に分る．

2．3元連立1次方程式

未知数2個の連立1次方程式の解が2次の行列式で表されたように，未知数3個の場合は3次の行列式で表される．

3次の行列式は

$$\varDelta = \begin{vmatrix} a_{11} & a_{12} & a_{13} \\ a_{21} & a_{22} & a_{23} \\ a_{31} & a_{32} & a_{33} \end{vmatrix}$$

$$= a_{11}a_{22}a_{33} + a_{21}a_{32}a_{13} + a_{31}a_{12}a_{23} - a_{11}a_{32}a_{23} - a_{31}a_{22}a_{13} - a_{21}a_{12}a_{33} \tag{8}$$

で定義され，幾何学的には次の値を表している．

(i)　$\boldsymbol{a}_1 = \begin{pmatrix} a_{11} \\ a_{21} \\ a_{31} \end{pmatrix}$，$\boldsymbol{a}_2 = \begin{pmatrix} a_{12} \\ a_{22} \\ a_{32} \end{pmatrix}$，$\boldsymbol{a}_3 = \begin{pmatrix} a_{13} \\ a_{23} \\ a_{33} \end{pmatrix}$

を3辺とする平行六面体の（符号つき）体積

(ii)　$A = \begin{pmatrix} a_{11} & a_{12} & a_{13} \\ a_{21} & a_{22} & a_{23} \\ a_{31} & a_{32} & a_{33} \end{pmatrix}$

の表す1次変換による体積の倍率

連立1次方程式

$$\begin{cases} a_{11}x_1+a_{12}x_2+a_{13}x_3=b_1 \\ a_{21}x_1+a_{22}x_2+a_{23}x_3=b_2 \\ a_{31}x_1+a_{32}x_2+a_{33}x_3=b_3 \end{cases} \tag{9}$$

を実際に解いてみると，解は A の行列式 $\varDelta=|A|$ および

$$\varDelta_1=\begin{vmatrix} b_1 & a_{12} & a_{13} \\ b_2 & a_{22} & a_{23} \\ b_3 & a_{32} & a_{33} \end{vmatrix},\quad \varDelta_2=\begin{vmatrix} a_{11} & b_1 & a_{13} \\ a_{21} & b_2 & a_{23} \\ a_{31} & b_3 & a_{33} \end{vmatrix},\quad \varDelta_3=\begin{vmatrix} a_{11} & a_{12} & b_1 \\ a_{21} & a_{22} & b_2 \\ a_{31} & a_{32} & b_3 \end{vmatrix}$$

を用いて，

$$x_1=\frac{\varDelta_1}{\varDelta},\quad x_2=\frac{\varDelta_2}{\varDelta},\quad x_3=\frac{\varDelta_3}{\varDelta} \tag{10}$$

と表される．ただし，ここで $\varDelta \neq 0$ とする．

$$\boldsymbol{e}_1=\begin{pmatrix} 1 \\ 0 \\ 0 \end{pmatrix},\quad \boldsymbol{e}_2=\begin{pmatrix} 0 \\ 1 \\ 0 \end{pmatrix},\quad \boldsymbol{e}_3=\begin{pmatrix} 0 \\ 0 \\ 1 \end{pmatrix},\quad \boldsymbol{x}=\begin{pmatrix} x_1 \\ x_2 \\ x_3 \end{pmatrix},\quad \boldsymbol{b}=\begin{pmatrix} b_1 \\ b_2 \\ b_3 \end{pmatrix}$$

とおくと，$\boldsymbol{x}$，$\boldsymbol{e}_2$，$\boldsymbol{e}_3$ を3辺とする平行六面体が，A の表す1次変換によって $\boldsymbol{b}$，$\boldsymbol{a}_2$，$\boldsymbol{a}_3$ を3辺とする平行六面体に写像されるから，これらの体積を比較すると

$$\varDelta x_1=\varDelta_1$$

が得られる．(10)の他の式も同様の幾何学的意味をもつ．

3．クラメルの公式

未知数が2個，3個の場合の連立1次方程式の解の公式(4)，(10)から，未知数が n 個の場合の公式を類推することができる．実際，

$$\begin{cases} a_{11}x_1+a_{12}x_2+\cdots+a_{1n}x_n=b_1 \\ a_{21}x_1+a_{22}x_2+\cdots+a_{2n}x_n=b_2 \\ \cdots\cdots\cdots\cdots\cdots\cdots\cdots \\ a_{n1}x_1+a_{n2}x_2+\cdots+a_{nn}x_n=b_n \end{cases} \tag{11}$$

の解は，

$$x_1=\frac{\varDelta_1}{\varDelta},\quad x_2=\frac{\varDelta_2}{\varDelta},\quad \cdots,\quad x_n=\frac{\varDelta_n}{\varDelta} \tag{12}$$

で与えられる．ここで，

$$\varDelta=\begin{vmatrix} a_{11} & a_{12} & \cdots & a_{1n} \\ a_{21} & a_{22} & \cdots & a_{2n} \\ \vdots & \vdots & & \vdots \\ a_{n1} & a_{n2} & \cdots & a_{nn} \end{vmatrix} \neq 0 \tag{13}$$

とし，$\varDelta_j$ は $\varDelta$ の第 j 列を(11)の右辺でおき換えた行列式を表す．これを**クラメルの公式**という．

2元と3元の場合には，実際に連立1次方程式を解いてクラメルの公式を導き，さらにそれを幾何学的に考えたが，未知数が増えたとき一つ一つ解いて公式を導くわけにもいかないし，幾何学的解釈もできない．そこで，一般の場合の公式(12)を導くには別の工夫が必要になる．もう一度3元の場合について考えてみよう．普通の加減法では未知数を順に1つずつ消去していくが，(9)の各式に適当な数をかけてそれらを加えたとき，未知数がただ1つだけ残るようにできればその未知数が求められる．

まず，3次の行列式(8)の第1列についての展開式

$$\varDelta=a_{11}A_{11}+a_{21}A_{21}+a_{31}A_{31} \tag{14}$$

に注目しよう．A_{11}，A_{21}，A_{31} は $\varDelta$ の第1列の要素の余因数だから，その値は第2列と第3列の要素で表され，第1列の要素には関係しない．そこで，$\varDelta$ の第1列を別の変数 t_1，t_2，t_3 でおき換えた行列式を第1列について展開した場合も係数は(14)と変らず，

$$\begin{vmatrix} t_1 & a_{12} & a_{13} \\ t_2 & a_{22} & a_{23} \\ t_3 & a_{32} & a_{33} \end{vmatrix}=t_1A_{11}+t_2A_{21}+t_3A_{31} \tag{15}$$

となる．(15)の t_1，t_2，t_3 に $\varDelta$ の第2列，第3列の要素を代入すると，左辺はそれぞれ

$$\begin{vmatrix} a_{12} & a_{12} & a_{13} \\ a_{22} & a_{22} & a_{23} \\ a_{32} & a_{32} & a_{33} \end{vmatrix},\quad \begin{vmatrix} a_{13} & a_{12} & a_{13} \\ a_{23} & a_{22} & a_{23} \\ a_{33} & a_{32} & a_{33} \end{vmatrix}$$

となるが，これらの行列式はどちらも 2 つの列が一致しているから値は 0 となる．よって，(15)から

$$a_{12}A_{11}+a_{22}A_{21}+a_{32}A_{31}=0,\quad a_{13}A_{11}+a_{23}A_{21}+a_{33}A_{31}=0 \tag{16}$$

が得られる．また，$t_1=b_1$，$t_2=b_2$，$t_3=b_3$ とおけば，(15)の左辺は $\varDelta_1$ になり，

$$b_1A_{11}+b_2A_{21}+b_3A_{31}=\varDelta_1 \tag{17}$$

が得られる．

連立 1 次方程式(9)の 3 式に上からそれぞれ A_{11}，A_{21}，A_{31} をかけて加えると，

$$\begin{aligned}(a_{11}A_{11}+a_{21}A_{21}+a_{31}A_{31})x_1+(a_{12}A_{11}+a_{22}A_{21}+a_{32}A_{31})x_2\\ +(a_{13}A_{11}+a_{23}A_{21}+a_{33}A_{31})x_3=b_1A_{11}+b_2A_{21}+b_3A_{31}\end{aligned} \tag{18}$$

となる．これを(14)，(16)，(17)によって簡単にすると，

$$\varDelta x_1=\varDelta_1 \tag{19}$$

となり，(10)の x_1 の値が得られる．x_2，x_3 の値は (14) 式の代りに第 2 列，第 3 列についての展開式を基礎として同様に求められる．

行と列の対称性により，ここで用いた(14)，(16)と同様の関係が行についても成り立つ．これらをまとめると，

$$a_{1j}A_{1l}+a_{2j}A_{2l}+a_{3j}A_{3l}=\begin{cases}\varDelta & (j=l)\\ 0 & (j\neq l)\end{cases} \tag{20}$$

$$a_{i1}A_{k1}+a_{i2}A_{k2}+a_{i3}A_{k3}=\begin{cases}\varDelta & (i=k)\\ 0 & (i\neq k)\end{cases} \tag{21}$$

となる．

上に述べた(19)を導く過程を一目でとらえるには，(18)式を書くよりも，

$$\begin{array}{r|l} a_{11}x_1+a_{12}x_2+a_{13}x_3=b_1 & \times A_{11}\\ a_{21}x_1+a_{22}x_2+a_{23}x_3=b_2 & \times A_{21}\\ a_{31}x_1+a_{32}x_2+a_{33}x_3=b_3 & \times A_{31}\end{array} \tag{22}$$

として眺めた方がよい．各式に縦線の右の数をかけて加えると，(20)と (17) によって (19) となることは見やすい．

ところで，いままで述べたのは，方程式(9)に解があればそれは (10) で与えられるということであって，解があるということは示していない．これを示すには，(10)の値を実際に(9)の左辺に代入して，右辺に等しくなることを確かめ

ればよい．どの式でも同様だから，第1式に代入した，

$$a_{11}\Delta_1+a_{12}\Delta_2+a_{13}\Delta_3=b_1\Delta \tag{23}$$

を示そう．(17)および Δ_2，Δ_3 に対する同様の展開式に対し(22)の記法を用いて

$$\left.\begin{aligned}\Delta_1&=b_1A_{11}+b_2A_{21}+b_3A_{31}\\ \Delta_2&=b_1A_{12}+b_2A_{22}+b_3A_{32}\\ \Delta_3&=b_1A_{13}+b_2A_{23}+b_3A_{33}\end{aligned}\right|\begin{aligned}&\times a_{11}\\ &\times a_{12}\\ &\times a_{13}\end{aligned}$$

とすると，(21)から直ちに(23)が得られる．

これで未知数が3個の場合のクラメルの公式の別証が完結したが，この証明は**2**で述べたものと違い，4元以上の連立1次方程式の場合にそのまま拡張できる．実際，証明の根拠となった(20)，(21)は行列式の基本性質から導かれ，したがって，4次以上の行列式に対しても同様な関係が成り立つからである．n 次の場合にこの関係は総和記号を用いて，

$$\sum_{i=1}^{n}a_{ij}A_{il}=\begin{cases}\Delta & (j=l)\\ 0 & (j\neq l),\end{cases}\qquad \sum_{j=1}^{n}a_{ij}A_{kj}=\begin{cases}\Delta & (i=k)\\ 0 & (i\neq k)\end{cases} \tag{24}$$

と表される．

例2

$$\begin{cases}x_1+x_2+x_3+x_4=1\\ x_1+2x_2+3x_3+4x_4=5\\ x_1+4x_2+9x_3+16x_4=25\\ x_1+8x_2+27x_3+64x_4=125\end{cases} \tag{25}$$

この方程式は係数が特殊な数なので，クラメルの公式で用いる行列式がすべて，

$$D(a_1,\ a_2,\ a_3,\ a_4)=\begin{vmatrix}1&1&1&1\\ a_1&a_2&a_3&a_4\\ a_1^2&a_2^2&a_3^2&a_4^2\\ a_1^3&a_2^3&a_3^3&a_4^3\end{vmatrix} \tag{26}$$

の形になっている．ここで，左辺の記号は右辺の行列式を表すために仮に用いた記号で，一般的なものではない．まず，(26)を計算しよう．

$$D(a_1,\ a_2,\ a_3,\ a_4) \overset{\substack{\text{第4行}-\text{第3行}\times a_1\\ \text{第3行}-\text{第2行}\times a_1\\ \text{第2行}-\text{第1行}\times a_1}}{=} \begin{vmatrix} 1 & 1 & 1 & 1 \\ 0 & a_2-a_1 & a_3-a_1 & a_4-a_1 \\ 0 & a_2^2-a_1a_2 & a_3^2-a_1a_3 & a_4^2-a_1a_4 \\ 0 & a_2^3-a_1a_2^2 & a_3^3-a_1a_3^2 & a_4^3-a_1a_4^2 \end{vmatrix}$$

第1列について展開

$$= \begin{vmatrix} a_2-a_1 & a_3-a_1 & a_4-a_1 \\ a_2(a_2-a_1) & a_3(a_3-a_1) & a_4(a_4-a_1) \\ a_2^2(a_2-a_1) & a_3^2(a_3-a_1) & a_4^2(a_4-a_1) \end{vmatrix}$$

各列の共通因数をくくり出す

$$=(a_2-a_1)(a_3-a_1)(a_4-a_1) \begin{vmatrix} 1 & 1 & 1 \\ a_2 & a_3 & a_4 \\ a_2^2 & a_3^2 & a_4^2 \end{vmatrix}$$

第3行－第2行×a_2
第2行－第1行×a_2

$$=(a_2-a_1)(a_3-a_1)(a_4-a_1) \begin{vmatrix} 1 & 1 & 1 \\ 0 & a_3-a_2 & a_4-a_2 \\ 0 & a_3^2-a_2a_3 & a_4^2-a_2a_4 \end{vmatrix}$$

第1列について展開

$$=(a_2-a_1)(a_3-a_1)(a_4-a_1) \begin{vmatrix} a_3-a_2 & a_4-a_2 \\ a_3(a_3-a_2) & a_4(a_4-a_2) \end{vmatrix}$$

$$=(a_2-a_1)(a_3-a_1)(a_4-a_1)(a_3-a_2)(a_4-a_2) \begin{vmatrix} 1 & 1 \\ a_3 & a_4 \end{vmatrix}$$

$$=(a_2-a_1)(a_3-a_1)(a_4-a_1)(a_3-a_2)(a_4-a_2)(a_4-a_3). \tag{27}$$

はじめの方程式(25)に戻って，

$$\Delta = \begin{vmatrix} 1 & 1 & 1 & 1 \\ 1 & 2 & 3 & 4 \\ 1 & 4 & 9 & 16 \\ 1 & 8 & 27 & 64 \end{vmatrix},\quad \Delta_1 = \begin{vmatrix} 1 & 1 & 1 & 1 \\ 5 & 2 & 3 & 4 \\ 25 & 4 & 9 & 16 \\ 125 & 8 & 27 & 64 \end{vmatrix},\quad \Delta_2 = \begin{vmatrix} 1 & 1 & 1 & 1 \\ 1 & 5 & 3 & 4 \\ 1 & 25 & 9 & 16 \\ 1 & 125 & 27 & 64 \end{vmatrix},$$

$$\Delta_3 = \begin{vmatrix} 1 & 1 & 1 & 1 \\ 1 & 2 & 5 & 4 \\ 1 & 4 & 25 & 16 \\ 1 & 8 & 125 & 64 \end{vmatrix},\quad \Delta_4 = \begin{vmatrix} 1 & 1 & 1 & 1 \\ 1 & 2 & 3 & 5 \\ 1 & 4 & 9 & 25 \\ 1 & 8 & 27 & 125 \end{vmatrix}$$

となるから，(27)を用いて計算すると，

$\Delta=D(1,\ 2,\ 3,\ 4)=1\times2\times3\times1\times2\times1=12.$

同様にして，$\Delta_1=D(5,\ 2,\ 3,\ 4)=-12$，$\Delta_2=D(1,\ 5,\ 3,\ 4)=48$，$\Delta_3=D(1,\ 2,\ 5,\ 4)=-72$，$\Delta_4=D(1,\ 2,\ 3,\ 5)=48$

よって，(12)から

$$x_1=\frac{\Delta_1}{\Delta}=\frac{-12}{12}=-1,\quad x_2=4,\quad x_3=-6,\quad x_4=4$$

（検算）(25)の第1式に代入　左辺$=-1+4-6+4=1$

注意　(26)のような形の行列式は**ヴァンデルモンドの行列式**と呼ばれ，n 次のとき

$$\begin{vmatrix} 1 & 1 & \cdots & 1 \\ a_1 & a_2 & \cdots & a_n \\ a_1^2 & a_2^2 & \cdots & a_n^2 \\ \vdots & \vdots & & \vdots \\ a_1^{n-1} & a_2^{n-1} & \cdots & a_n^{n-1} \end{vmatrix} = \prod_{1\leqq i<j\leqq n} (a_j-a_i)$$

となる．右辺は a_1，a_2，…，a_n から2つをとったすべての組について添字の大きい方から小さい方を引いたもの全体の積で，$n=4$ のとき(27)を表す．

4．消去の定理

クラメルの公式は連立1次方程式(11)の解を具体的に与えるものであるが，$\Delta\neq0$ のとき(11)の解がただ1組しかないこともこれから分る．

連立1次方程式(11)の右辺の定数項をすべて0とした

$$\begin{cases} a_{11}x_1+a_{12}x_2+\cdots+a_{1n}x_n=0 \\ a_{21}x_1+a_{22}x_2+\cdots+a_{2n}x_n=0 \\ \cdots\cdots\cdots\cdots\cdots \\ a_{n1}x_1+a_{n2}x_2+\cdots+a_{nn}x_n=0 \end{cases} \tag{28}$$

を，**斉次連立1次方程式**または**同次連立1次方程式**という．この方程式で

$$x_1=x_2=\cdots=x_n=0 \tag{29}$$

とおくと，どんな係数の場合でも成り立つので，(29)は1組の解になる．これを**自明な解**と呼ぶことにする．(28)の係数の行列式を前と同様に Δ で表すと，

$\Delta \neq 0$ ならば，解はただ1組定まるから，自明な解以外に解はない．このことは，クラメルの公式の分子で右辺を代入した列の要素がすべて0になるから，分子の行列式の値が0になることからも分る．対偶を考えると，(28)が自明でない解をもてば $\Delta=0$ となる．後で示すように，実はこの逆も成り立つので，

「斉次連立1次方程式(28)が自明でない解をもつためには，$\Delta=0$ が必要十分条件である．」

これを**消去の定理**と呼ぶことにする．

例3　座標空間で，1直線上にない3点 $P_1(x_1,\ y_1,\ z_1)$，$P_2(x_2,\ y_2,\ z_2)$，$P_3(x_3,\ y_3,\ z_3)$ を通る平面の方程式を求めてみよう．

求める平面の方程式を $Ax+By+Cz+D=0$ とする．平面上の任意の点を $P(x,\ y,\ z)$ とすると，4点P，P_1，P_2，P_3 がこの平面上にあるから，それらの座標を代入して，

$$\begin{cases} Ax+By+Cz+D=0 \\ Ax_1+By_1+Cz_1+D=0 \\ Ax_2+By_2+Cz_2+D=0 \\ Ax_3+By_3+Cz_3+D=0 \end{cases} \tag{30}$$

が成り立つ．これらを A，B，C，D に関する方程式と考えると斉次連立1次方程式となり，A，B，C，D は直線の方程式の係数だからすべて0ということはない．よって，消去の定理により係数の行列式は0で，

$$\begin{vmatrix} x & y & z & 1 \\ x_1 & y_1 & z_1 & 1 \\ x_2 & y_2 & z_2 & 1 \\ x_3 & y_3 & z_3 & 1 \end{vmatrix}=0 \tag{31}$$

となる．これは，平面上の任意の点Pのみたす条件だから，求める平面の方程式を与える．実際，(31)を第1行について展開すれば x，y，z についての1次式となり，普通の形の方程式が得られる．

このようにして(30)から(31)を導く過程を，簡単に，

「(30)から A，B，C，D を消去して」

と表現することがある．定理の名前はこのことに由来している．

ところで，消去の定理の主張のうち，$\varDelta=0$ が必要なことは証明したが，十分なことを示すには実際に自明でない解を与えればよい．便宜上2つの場合に分けよう．

(i) まず，$\varDelta$ の余因数の中に0でないものがある場合を考えよう．簡単のため $A_{nn}\neq 0$ とする．このとき，(24)の第2式で $k=n$ とおき，$\varDelta=0$ を考慮すると，すべての i について，

$$a_{i1}A_{n1}+a_{i2}A_{n2}+\cdots+a_{in}A_{nn}=0$$

となる．これは，

$$x_1=A_{n1},\ x_2=A_{n2},\ \cdots,\ x_n=A_{nn}$$

が(28)の1組の自明でない解となることを示している．

(ii) $\varDelta$ のすべての余因数が0となるときは，$\varDelta$ から2つ以上の行と列を除いてできるもっと小さな小行列式を考える．これらのうち $r+1$ 次以上のものはすべて0で，r 次の小行列式で0でないものがあるとする．この場合も簡単のため，はじめの r 行，r 列から成る小行列式

$$\begin{vmatrix} a_{11} & a_{12} & \cdots & a_{1r} \\ a_{21} & a_{22} & \cdots & a_{2r} \\ \vdots & \vdots & & \vdots \\ a_{r1} & a_{r2} & \cdots & a_{rr} \end{vmatrix}\neq 0 \tag{32}$$

とする．そうでないときは，未知数の順序と式の順序を変えてこの場合になおすことができる．$\varDelta$ のはじめの $r+1$ 行と $r+1$ 列から成る $r+1$ 次の小行列式を $\varDelta'$ とし，$\varDelta'$ における a_{ij} の余因数を A'_{ij} とすると，

$$x_1=A'_{r+1\,1},\ \cdots,\ x_{r+1}=A'_{r+1\,r+1},\ x_{r+2}=\cdots=x_n=0 \tag{33}$$

が1組の自明でない解（x_{r+1} の値は(32)の左辺の行列式だから，0でない）を与える．証明は次のようにして(i)の場合に帰着される．

$x_{r+2}=\cdots=x_n=0$ とおくと，(28)は

$$a_{i1}x_1+a_{i2}x_2+\cdots+a_{ir+1}x_{r+1}=0,\quad (i=1,\ 2,\ \cdots,\ n) \tag{34}$$

となる．この中から，はじめの r 個と第 s 番目 $(r+1\leqq s\leqq n)$ をとって $r+1$ 個の方程式を作ると，係数の行列式は

$$\begin{vmatrix} a_{11} & a_{12} & \cdots & a_{1r} & a_{1\,r+1} \\ a_{21} & a_{22} & \cdots & a_{2r} & a_{2\,r+1} \\ \vdots & \vdots & & \vdots & \vdots \\ a_{r1} & a_{r2} & \cdots & a_{rr} & a_{r\,r+1} \\ a_{s1} & a_{s2} & \cdots & a_{sr} & a_{s\,r+1} \end{vmatrix}$$

となり，(i)の条件をみたす．$s=r+1$ のときこの行列式は $\varDelta'$ になる．最後の行の余因数は，はじめの r 行の要素から成るから s に関係なく，$\varDelta'$ と同じ A'_{r+11}，…，A'_{r+1r+1} になり，(i)の結果から，この $r+1$ 個から成る連立1次方程式の自明でない解を与える．$s=r+1$，…，n とすれば，これらの値が(34)のすべての式をみたすことになり，したがって，(33)が(28)の1組の自明でない解を与える．

練習問題 6

(☞解答 178 ページ)

1．クラメルの公式を用いて次の連立1次方程式を解き，解をそれぞれの第1式に代入して，これらが成り立つことを確かめよ．

(1) $\begin{cases} 4x_1+5x_2=6 \\ 9x_1+8x_2=7 \end{cases}$　(2) $\begin{cases} 11x+17y=-5 \\ -7x+29y=13 \end{cases}$

(3) $\begin{cases} 2x_1+3x_2+x_3=4 \\ x_1+2x_2+3x_3=9 \\ 3x_1+x_2+2x_3=11 \end{cases}$　(4) $\begin{cases} 3x+4y+5z=6 \\ x+10y+9z=8 \\ 2x+11y+12z=7 \end{cases}$

2．空間において，$\boldsymbol{e}_1$，$\boldsymbol{e}_2$，$\boldsymbol{x}$ を3辺とする平行六面体の体積が x_3 になることを図によって確かめよ．また，このことから，連立1次方程式(9)の解における x_3 が $\varDelta x_3=\varDelta_3$ をみたすことを幾何学的に説明せよ．

3．未知数4個の連立1次方程式

$$\begin{cases} a_{11}x_1+a_{12}x_2+a_{13}x_3+a_{14}x_4=b_1 \\ a_{21}x_1+a_{22}x_2+a_{23}x_3+a_{24}x_4=b_2 \\ a_{31}x_1+a_{32}x_2+a_{33}x_3+a_{34}x_4=b_3 \\ a_{41}x_1+a_{42}x_2+a_{43}x_3+a_{44}x_4=b_4 \end{cases}$$

に関するクラメルの公式を導け．

4．$n=5$ の場合のヴァンデルモンドの行列式

$$\Delta=\begin{vmatrix}1 & 1 & 1 & 1 & 1\\ a_1 & a_2 & a_3 & a_4 & a_5\\ a_1^2 & a_2^2 & a_3^2 & a_4^2 & a_5^2\\ a_1^3 & a_2^3 & a_3^3 & a_4^3 & a_5^3\\ a_1^4 & a_2^4 & a_3^4 & a_4^4 & a_5^4\end{vmatrix}$$

について，次の問に答えよ．

(1)　Δ は何次式か．

(2)　因数分解せよ．

(3)　$\Delta=0$ となるのは，a_1，a_2，a_3，a_4，a_5 の中に等しいものがあるとき，かつそのときに限ることを示せ．

5．次の斉次連立1次方程式の自明でない解を1組求めよ．

(1)　$\begin{cases}3x_1-\ x_2-7x_3=0\\ 5x_1+2x_2-4x_3=0\\ 9x_1+8x_2+2x_3=0\end{cases}$

(2)　$\begin{cases}4x_1+3x_2+\ x_3+7x_4=0\\ 2x_1+4x_2+6x_3+3x_4=0\\ 3x_1+7x_2+9x_3+2x_4=0\\ 5x_1+8x_2+4x_3+\ x_4=0\end{cases}$

6．(31)式の左辺の行列式を第1行について展開して，例3における A，B，C，D の比を P_1，P_2，P_3 の座標で表せ．また，これを用いて，3点 $P_1(3,\ 2,\ 5)$，$P_2(5,\ 1,\ 2)$，$P_3(2,\ 3,\ 7)$ を通る平面の方程式を求めよ．

7．座標平面上に1直線上にない3点 $P(x_1,\ y_1)$，$Q(x_2,\ y_2)$，$R(x_3,\ y_3)$ がある．消去の定理を用いて，これらの3点を通る次の曲線の方程式を行列式で表せ．

(1)　円

(2)　y 軸に平行な対称軸をもつ放物線（x_1，x_2，x_3 はすべて異なるものとする）．

第 7 章　　掃き出し法

カッコイイばかりが能じゃない

1．合成変換と行列式

n 次の正方行列

$$A=\begin{pmatrix} a_{11} & a_{12} & \cdots & a_{1n} \\ a_{12} & a_{22} & \cdots & a_{2n} \\ \vdots & \vdots & & \vdots \\ a_{n1} & a_{n2} & \cdots & a_{nn} \end{pmatrix} \tag{1}$$

は，n 次元ベクトル空間 $\boldsymbol{R}^n$ のそれ自身への 1 次変換を表す．A に対応する行列式 $|A|$ は，$n=2$ のときはこの 1 次変換による面積の倍率を表し，$n=3$ のときは体積の倍率を表す．

2 つの 2 次の正方行列 A，B の積 AB は，A および B の表す 1 次変換

$$\boldsymbol{x}''=A\boldsymbol{x}',\quad \boldsymbol{x}'=B\boldsymbol{x} \tag{2}$$

を合成した 1 次変換を表す行列となるように定めた．つまり，AB の表す 1 次変換は，B の表す 1 次変換を施した後 A の表す 1 次変換を施したものになり，

$$\boldsymbol{x}''=A(B\boldsymbol{x})=(AB)\boldsymbol{x} \tag{3}$$

となる．そこで，AB の表す 1 次変換による面積の倍率を 2 通りの方法で考えてみよう．(2)のように 2 段に分けて考えると，B の表す 1 次変換で面積は $|B|$ 倍になり，A の表す 1 次変換で $|A|$ 倍になるから，続けて

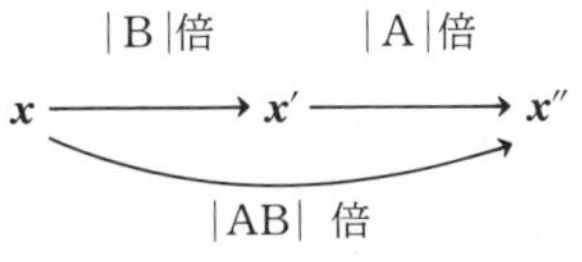

図1

行えば $|A||B|$ 倍になる．ところが，(3)のように AB の表す1次変換と考えれば面積は $|AB|$ 倍になる．これらはもちろん同じ値になるから，

$$|AB|=|A||B| \tag{4}$$

が成り立つ．

A，B が3次の正方行列のときも，AB の表す1次変換による体積の倍率を考えることにより同じ関係が得られる．

(4)は，2つの同じ次数の行列式をかけるのに，行列の積と同じ規則で計算してよいことを意味している．たとえば，2次の正方行列について言えば，

$$\begin{vmatrix} a_{11} & a_{12} \\ a_{21} & a_{22} \end{vmatrix}\begin{vmatrix} b_{11} & b_{12} \\ b_{21} & b_{22} \end{vmatrix}=\begin{vmatrix} a_{11}b_{11}+a_{12}b_{21} & a_{11}b_{12}+a_{12}b_{22} \\ a_{21}b_{11}+a_{22}b_{21} & a_{21}b_{12}+a_{22}b_{22} \end{vmatrix} \tag{5}$$

となる．(5)を直接計算で証明してみよう．まず，行列式の列についての線形性をくり返し用いて，

$$\begin{aligned}
\text{右辺} &= \begin{vmatrix} a_{11}b_{11} & a_{11}b_{12}+a_{12}b_{22} \\ a_{21}b_{11} & a_{21}b_{12}+a_{22}b_{22} \end{vmatrix} + \begin{vmatrix} a_{12}b_{21} & a_{11}b_{12}+a_{12}b_{22} \\ a_{22}b_{22} & a_{21}b_{12}+a_{22}b_{22} \end{vmatrix} \\
&= \begin{vmatrix} a_{11}b_{11} & a_{11}b_{12} \\ a_{21}b_{11} & a_{21}b_{12} \end{vmatrix} + \begin{vmatrix} a_{11}b_{11} & a_{12}b_{22} \\ a_{21}b_{11} & a_{22}b_{22} \end{vmatrix} + \begin{vmatrix} a_{12}b_{21} & a_{11}b_{12} \\ a_{22}b_{21} & a_{21}b_{12} \end{vmatrix} + \begin{vmatrix} a_{12}b_{21} & a_{12}b_{22} \\ a_{22}b_{21} & a_{22}b_{22} \end{vmatrix} \\
&= b_{11}b_{12}\begin{vmatrix} a_{11} & a_{11} \\ a_{21} & a_{21} \end{vmatrix} + b_{11}b_{22}\begin{vmatrix} a_{11} & a_{12} \\ a_{21} & a_{22} \end{vmatrix} + b_{21}b_{12}\begin{vmatrix} a_{12} & a_{11} \\ a_{22} & a_{21} \end{vmatrix} + b_{21}b_{22}\begin{vmatrix} a_{12} & a_{12} \\ a_{22} & a_{22} \end{vmatrix}
\end{aligned}$$

第1項と第4項は，2つの列が一致しているので0になるから，

$$= b_{11}b_{22}\begin{vmatrix} a_{11} & a_{12} \\ a_{21} & a_{22} \end{vmatrix} - b_{21}b_{12}\begin{vmatrix} a_{11} & a_{12} \\ a_{21} & a_{22} \end{vmatrix} = (b_{11}b_{22}-b_{21}b_{12})\begin{vmatrix} a_{11} & a_{12} \\ a_{21} & a_{22} \end{vmatrix} = \text{左辺}.$$

最後の等号で，行列式の値は数だから，それらの積は順序に関係しないことに注意しよう．

4次以上の行列式についても，いま述べた計算による証明が拡張されて(4)が成り立つが，後で別の証明を与えることにして，ここでは応用例をあげておこう．

例1　$A=\begin{pmatrix} a & b \\ c & d \end{pmatrix}$ とする．行列式は転置しても値が変らないから，$|A|=|{}^tA|$．よって，

$$\begin{vmatrix} a & b \\ c & d \end{vmatrix}^2 = \begin{vmatrix} a & b \\ c & d \end{vmatrix}\begin{vmatrix} a & c \\ b & d \end{vmatrix} = \begin{vmatrix} a^2+b^2 & ac+bd \\ ac+bd & c^2+d^2 \end{vmatrix}.$$

これから，等式

$$(ad-bc)^2=(a^2+b^2)(c^2+d^2)-(ac+bd)^2$$

が得られる．

例 2 $\boldsymbol{a}=\begin{pmatrix} a_1 \\ a_2 \end{pmatrix}$, $\boldsymbol{b}=\begin{pmatrix} b_1 \\ b_2 \end{pmatrix}$, $\boldsymbol{c}=\begin{pmatrix} c_1 \\ c_2 \end{pmatrix}$ を 3 個の平面ベクトルとし，これらの内積を要素とする行列式を

$$\varDelta=\begin{vmatrix} (\boldsymbol{a},\ \boldsymbol{a}) & (\boldsymbol{a},\ \boldsymbol{b}) & (\boldsymbol{a},\ \boldsymbol{c}) \\ (\boldsymbol{b},\ \boldsymbol{a}) & (\boldsymbol{b},\ \boldsymbol{b}) & (\boldsymbol{b},\ \boldsymbol{c}) \\ (\boldsymbol{c},\ \boldsymbol{a}) & (\boldsymbol{c},\ \boldsymbol{b}) & (\boldsymbol{c},\ \boldsymbol{c}) \end{vmatrix}$$

とおくと，

$$\varDelta=\begin{vmatrix} a_1 & a_2 & 0 \\ b_1 & b_2 & 0 \\ c_1 & c_2 & 0 \end{vmatrix}\begin{vmatrix} a_1 & b_1 & c_1 \\ a_2 & b_2 & c_2 \\ 0 & 0 & 0 \end{vmatrix}=0.$$

2. 逆 行 列

a をたして b になるような数 x を求めたいとき，方程式は

$$x+a=b$$

となり，その解は，a をたすことの逆の a を引く演算を施して，

$$x=b-a$$

と表される．また，a 倍（$a \neq 0$）して b になる x は，方程式

$$ax=b \tag{6}$$

から，a 倍することの逆の a で割る演算を用いて得られ，

$$x=\frac{b}{a}=a^{-1}b \tag{7}$$

となる．

n 元連立 1 次方程式

$$\begin{cases} a_{11}x_1 + a_{12}x_2 + \cdots + a_{1n}x_n = b_1 \\ a_{21}x_1 + a_{22}x_2 + \cdots + a_{2n}x_n = b_2 \\ \cdots \quad \cdots \quad \cdots \quad \cdots \\ a_{n1}x_1 + a_{n2}x_2 + \cdots + a_{nn}x_n = b_n \end{cases} \tag{8}$$

は，

$$A = \begin{pmatrix} a_{11} & a_{12} & \cdots & a_{1n} \\ a_{21} & a_{22} & \cdots & a_{2n} \\ \vdots & \vdots & & \vdots \\ a_{n1} & a_{n2} & \cdots & a_{nn} \end{pmatrix}, \quad \boldsymbol{x} = \begin{pmatrix} x_1 \\ x_2 \\ \vdots \\ x_n \end{pmatrix}, \quad \boldsymbol{b} = \begin{pmatrix} b_1 \\ b_2 \\ \vdots \\ b_n \end{pmatrix}$$

を用いると，簡単に

$$A\boldsymbol{x} = \boldsymbol{b} \tag{9}$$

と表される．この式は，行列 A を左からかけて（あるいは A の表す1次変換を施して）$\boldsymbol{b}$ になるようなベクトル $\boldsymbol{x}$ を求める式で，(6)と似ている．そこで，この場合に(7)のような表現を求めることを考えよう．数の場合，a で割ることは a の逆数 $\dfrac{1}{a} = a^{-1}$ をかけることであった．a の逆数は $ax = 1$ となる x であるから，行列の場合にこれに相当するものを求めよう．まず，数の乗法の1に相当するものは，n 次の単位行列

$$E = \begin{pmatrix} 1 & 0 & \cdots & 0 \\ 0 & 1 & \cdots & 0 \\ \vdots & \vdots & & \vdots \\ 0 & 0 & \cdots & 1 \end{pmatrix}$$

で，n 次の正方行列 A に対し，$AE = EA = A$ をみたす．そこで，逆数に相当するものとして，

$$AX = XA = E \tag{10}$$

をみたす n 次の正方行列 X を考え，これを A の**逆行列**という．

数 a の逆数は $a \neq 0$ のとき存在するが，$A \neq O$ でも逆行列は必ずしも存在しない．実際，逆行列が存在すれば，(4)と(10)から，

$$|A||X| = |AX| = |E| = 1$$

よって，$|A| \neq 0$．逆に，$|A| \neq 0$ のとき，以下に示すように A の逆行列がた

だ1つ定まるので，これを A^{-1} で表す．A^{-1} が存在するとき，A は**正則**であるという．このとき，$|A||A^{-1}|=1$ から $|A^{-1}|=|A|^{-1}$ となる．

$$A \text{ が正則} \Leftrightarrow A^{-1} \text{ が存在} \Leftrightarrow |A| \neq 0$$

$|A|\neq 0$ のとき A^{-1} を求めよう．ここでは簡単のため $n=3$ の場合を扱う．

$$X=\begin{pmatrix} x_{11} & x_{12} & x_{13} \\ x_{21} & x_{22} & x_{23} \\ x_{31} & x_{32} & x_{33} \end{pmatrix}, \quad E=\begin{pmatrix} 1 & 0 & 0 \\ 0 & 1 & 0 \\ 0 & 0 & 1 \end{pmatrix} \tag{11}$$

の列ベクトルをそれぞれ，$\boldsymbol{x}_1$，$\boldsymbol{x}_2$，$\boldsymbol{x}_3$；$\boldsymbol{e}_1$，$\boldsymbol{e}_2$，$\boldsymbol{e}_3$ とし，A に X をかけるのに X の第1列から1列ずつ順にかける過程を考えると，$AX=E$ あるいは $A(\boldsymbol{x}_1 \quad \boldsymbol{x}_2 \quad \boldsymbol{x}_3)=(\boldsymbol{e}_1 \quad \boldsymbol{e}_2 \quad \boldsymbol{e}_3)$ は3つの連立1次方程式

$$A\boldsymbol{x}_1=\boldsymbol{e}_1, \quad A\boldsymbol{x}_2=\boldsymbol{e}_2, \quad A\boldsymbol{x}_3=\boldsymbol{e}_3 \tag{12}$$

に分割される．第1の方程式を具体的に書くと，

$$\begin{cases} a_{11}x_{11}+a_{12}x_{21}+a_{13}x_{31}=1 \\ a_{21}x_{11}+a_{22}x_{21}+a_{23}x_{31}=0 \\ a_{31}x_{11}+a_{32}x_{21}+a_{33}x_{31}=0 \end{cases} \tag{13}$$

となる．これを，$|A|$ の第1行の余因数のみたす関係式

$$a_{i1}A_{11}+a_{i2}A_{12}+a_{i3}A_{13}=\begin{cases} |A| & (i=1) \\ 0 & (i\neq 1) \end{cases}$$

と比較すると，

$$x_{11}=\frac{A_{11}}{|A|}, \quad x_{21}=\frac{A_{12}}{|A|}, \quad x_{31}=\frac{A_{13}}{|A|} \tag{14}$$

が(13)の1組の解になる．条件 $|A|\neq 0$ から，クラメルの公式により(13)の解はただ1組定まるから，これ以外に解はない．(12)の第2式，第3式の解も同様にして求められ，

$$x_{ij}=\frac{A_{ji}}{|A|} \qquad (i=1,\ 2,\ 3,\ j=1,\ 2,\ 3) \tag{15}$$

となる．

いま，$AX=E$ を解いて(15)を得たが，これらの値が $XA=E$ をもみたすことは，$|A|$ の列の余因数のみたす関係式

$$a_{1j}A_{1l}+a_{2j}A_{2l}+a_{3j}A_{3l}=\begin{cases}|A| & (j=l)\\ 0 & (j\neq l)\end{cases}$$

によって確かめられる．よって，

$$A^{-1}=\frac{1}{|A|}\begin{pmatrix}A_{11} & A_{21} & A_{31}\\ A_{12} & A_{22} & A_{32}\\ A_{13} & A_{23} & A_{33}\end{pmatrix}. \tag{16}$$

注意　(14), (15)式で，左辺の x_{ij} と右辺の分子 A_{ji} とでは添字の順が逆で，したがって，(16)の右辺の行列は余因数を要素にもつ行列を転置したものになる．4次以上の行列の逆行列も，同様に余因数の行列を転置して行列式で割ったものになる．

例 3　$A=\begin{pmatrix}1 & 1 & 1\\ 1 & 2 & 3\\ 1 & 4 & 9\end{pmatrix}$ のとき，$|A|=\begin{vmatrix}1 & 1 & 1\\ 1 & 2 & 3\\ 1 & 4 & 9\end{vmatrix}=2$

余因数の行列

$$=\begin{pmatrix}\begin{vmatrix}2 & 3\\ 4 & 9\end{vmatrix} & -\begin{vmatrix}1 & 3\\ 1 & 9\end{vmatrix} & \begin{vmatrix}1 & 2\\ 1 & 4\end{vmatrix}\\ -\begin{vmatrix}1 & 1\\ 4 & 9\end{vmatrix} & \begin{vmatrix}1 & 1\\ 1 & 9\end{vmatrix} & -\begin{vmatrix}1 & 1\\ 1 & 4\end{vmatrix}\\ \begin{vmatrix}1 & 1\\ 2 & 3\end{vmatrix} & -\begin{vmatrix}1 & 1\\ 1 & 3\end{vmatrix} & \begin{vmatrix}1 & 1\\ 1 & 2\end{vmatrix}\end{pmatrix}=\begin{pmatrix}6 & -6 & 2\\ -5 & 8 & -3\\ 1 & -2 & 1\end{pmatrix}$$

よって，

$$A^{-1}=\frac{1}{2}\begin{pmatrix}6 & -5 & 1\\ -6 & 8 & -2\\ 2 & -3 & 1\end{pmatrix}=\begin{pmatrix}3 & -\frac{5}{2} & \frac{1}{2}\\ -3 & 4 & -1\\ 1 & -\frac{3}{2} & \frac{1}{2}\end{pmatrix}$$

(9)の両辺に左から A^{-1} をかけると，左辺は $A^{-1}(A\boldsymbol{x})=(A^{-1}A)\boldsymbol{x}=E\boldsymbol{x}=\boldsymbol{x}$ となり，(7)と似た形の解

$$\boldsymbol{x}=A^{-1}\boldsymbol{b} \tag{17}$$

が得られる．

3．掃き出し法

クラメルの公式や上記のような逆行列の表示を用いた連立1次方程式の解(17)は，公式が気のきいた形であるだけでなくそれぞれの長所をもっている．たとえば，クラメルの公式は文字係数の場合などの扱いに便利だし，消去の定理との関係も見逃せない．また，逆行列を用いた表示(17)は未知数の数に関係なく，理論的扱いなどに都合がよい．

しかし，最近のようにコンピュータの能力を活用して実際問題を解く傾向が強くなると，未知数の数が非常に多く，係数も面倒な数値の連立1次方程式を解く機会が多くなる．上記の公式はどちらも行列式を含んでいるので，これを定義式から計算すると，未知数の増加に従って演算回数が急激に増大し，どんな高速のコンピュータでも手に負えなくなる．そこで，そういう場合のために何か工夫をしなければならないが，何と原始的な消去法（加減法）の方がよいのである．不思議に思うかもしれないが，消去法で式を何倍かしてたしたり引いたりする操作は，行列式の計算を簡単にするために行を何倍かしてたしたり引いたりする操作を係数の行列式に施すことになると考えれば納得できよう．

そうは言っても，ただ消去法をやっていたのでは未知数が多くなったとき混乱してしまうから，それをより能率よく組織的に行う必要がある．ここではその方法の粗筋を簡単な例について説明しよう．

連立1次方程式(9)に対し，左辺の係数の行列 A に右辺を表す $\boldsymbol{b}$ をもう1列つけ加えてできる行列

$$B=\begin{pmatrix} a_{11} & a_{12} & \cdots & a_{1n} & b_1 \\ a_{21} & a_{22} & \cdots & a_{2n} & b_2 \\ \vdots & \vdots & & \vdots & \vdots \\ a_{n1} & a_{n2} & \cdots & a_{nn} & b_n \end{pmatrix} \tag{18}$$

を対応させる．

まず，$n=2$ の簡単な例について，連立1次方程式を解くための式の変形と，対応する行列 B の変化を比べてみよう．

連立1次方程式	行列 B
$\begin{cases} 2x+7y=10 \\ x+5y=11 \end{cases}$	$\begin{pmatrix} 2 & 7 & 10 \\ 1 & 5 & 11 \end{pmatrix}$
式の順序を交換する	第1行と第2行を交換
$\begin{cases} x+5y=11 \\ 2x+7y=10 \end{cases}$	$\begin{pmatrix} 1 & 5 & 11 \\ 2 & 7 & 10 \end{pmatrix}$
第2式−第1式 ×2	第2行−第1行 ×2
$\begin{cases} x+5y=11 \\ -3y=-12 \end{cases}$	$\begin{pmatrix} 1 & 5 & 11 \\ 0 & -3 & -12 \end{pmatrix}$
第2式を −3 で割る	第2行を −3 で割る
$\begin{cases} x+5y=11 \\ y=4 \end{cases}$	$\begin{pmatrix} 1 & 5 & 11 \\ 0 & 1 & 4 \end{pmatrix}$
第1式−第2式 ×5	第1行−第2行 ×5
$\begin{cases} x=-9 \\ y=4 \end{cases}$	$\begin{pmatrix} 1 & 0 & -9 \\ 0 & 1 & 4 \end{pmatrix} \quad (19)$

この例から分るように，連立1次方程式を解く際に用いる式の変形は，行列 B では基本行変形

［I］ 行列のある行に0でない実数 k をかける

［II］ ある行の何倍かを他の行に加える

［III］ ある2つの行を交換する

を施すことにあたる．これらの変形を用いて，(19)のように行列 B の A に対応する部分を単位行列に導けば，$\boldsymbol{b}$ に対応する右の列の要素が解を与える．それは，対応する方程式が (19) の左のような形になることから分る．

例4 この方法を用いる例として，3元連立1次方程式

$$\begin{cases} x+2y+3z=4 \\ 2x+3y+7z=7 \\ 3x+4y+6z=5 \end{cases} \tag{20}$$

を解くための行列の変形と，さらに効率よく計算するための表を併記する．

変形は，□の要素を1に，⬚の要素を0にするように行う．

第2行－第1行×2
第3行－第1行×3

$$\begin{pmatrix} 1 & 2 & 3 & 4 \\ \boxed{2} & 3 & 7 & 7 \\ \boxed{3} & 4 & 6 & 5 \end{pmatrix} \to \begin{pmatrix} 1 & 2 & 3 & 4 \\ 0 & \boxed{-1} & 1 & -1 \\ 0 & -2 & -3 & -7 \end{pmatrix}$$

第2行÷(－1)　　第1行－第2行×2
第3行－第2行×(－2)

$$\to \begin{pmatrix} 1 & \boxed{2} & 3 & 4 \\ 0 & 1 & -1 & 1 \\ 0 & \boxed{-2} & -3 & -7 \end{pmatrix} \to \begin{pmatrix} 1 & 0 & 5 & 2 \\ 0 & 1 & -1 & 1 \\ 0 & 0 & \boxed{-5} & -5 \end{pmatrix}$$

第3行÷(－5)

$$\to \begin{pmatrix} 1 & 0 & \boxed{5} & 2 \\ 0 & 1 & \boxed{-1} & 1 \\ 0 & 0 & 1 & 1 \end{pmatrix}$$

第1行－第3行×5
第2行－第3行×(－1)

$$\to \begin{pmatrix} 1 & 0 & 0 & -3 \\ 0 & 1 & 0 & 2 \\ 0 & 0 & 1 & 1 \end{pmatrix}$$

よって，

$x=-3,\ y=2,\ z=1$

順	変　形	行			列	
1		1	2	3	4	①
2		2	3	7	7	②
3		3	4	6	5	③
4	①÷1	1	2	3	4	④
5	②－①×2	0	−1	1	−1	⑤
6	③－①×3	0	−2	−3	−7	⑥
8	④－⑧×2	1	0	5	2	⑦
7	⑤÷(−1)	0	1	−1	1	⑧
9	⑥－⑧×(−2)	0	0	−5	−5	⑨
11	⑦－⑫×5	1	0	0	−3	⑩
12	⑧－⑫×(−1)	0	1	0	2	⑪
10	⑨÷(−5)	0	0	1	1	⑫

表の左端は計算順序，右端は式番号を示す．

注意　ここでは，掃き出し法の考え方を説明するため係数が途中の変形でも整数になる例を選んだが，簡単な整係数の連立1次方程式の正確な解を求めるのにこの方法を使うのは適当でない．一般には途中の計算が厄介な分数の計算になる．これに対し，面倒な数値係数の大規模な連立1次方程式の近似解を求めるような場合にはこの方法が有効である．

4．逆行列の計算

n 次の正則行列 A の逆行列を求める方程式 $AX=E$ は，X の列ベクトル $\boldsymbol{x}_j$ （$j=1, 2, \cdots, n$）を順に求めると考えれば，n 個の連立1次方程式

$$A\boldsymbol{x}_j=\boldsymbol{e}_j \qquad (j=1, 2, \cdots, n) \tag{21}$$

に分割される．（$n=3$ の場合を2で扱った．）したがって，この場合にも掃き出し法を適用することができる．変形は左辺の係数の行列 A を単位行列 E に導くように行うが，(21)の n 個の連立1次方程式で左辺の係数行列は同じだから，n 個の方程式を分けずに同時に行うことができる．

$n=3$ の場合に具体的に述べよう．(12)の3個の方程式を解くために，行列

$$B=\begin{pmatrix} a_{11} & a_{12} & a_{13} & 1 & 0 & 0 \\ a_{21} & a_{22} & a_{23} & 0 & 1 & 0 \\ a_{31} & a_{32} & a_{33} & 0 & 0 & 1 \end{pmatrix} \tag{22}$$
$$\qquad A \qquad\qquad \boldsymbol{e}_1 \quad \boldsymbol{e}_2 \quad \boldsymbol{e}_3$$

に基本行変形を施して，A の部分が単位行列 E になるように導く．そのとき，

$$B'=\begin{pmatrix} 1 & 0 & 0 & x_{11} & x_{12} & x_{13} \\ 0 & 1 & 0 & x_{21} & x_{22} & x_{23} \\ 0 & 0 & 1 & x_{31} & x_{32} & x_{33} \end{pmatrix}$$
$$\qquad E \qquad\qquad \boldsymbol{x}_1 \quad \boldsymbol{x}_2 \quad \boldsymbol{x}_3$$

となったとすると，右半分の第1列は(13)の解 $\boldsymbol{x}_1$ を掃き出し法で求めたものになる．同様にして，第2列，第3列は(12)の第2，第3の方程式の解 $\boldsymbol{x}_2$, $\boldsymbol{x}_3$ となるから，B' の右半分の行列が求める逆行列 A^{-1} を与える．

例5

$$A=\begin{pmatrix} 1 & 2 & 3 \\ 2 & 3 & 7 \\ 3 & 4 & 6 \end{pmatrix}$$

の逆行列を求める．

計算順	変　形	行			列			行番号
1		1	2	3	1	0	0	①
2		2	3	7	0	1	0	②
3		3	4	6	0	0	1	③
4	①÷1	1	2	3	1	0	0	④
5	②−①×2	0	−1	1	−2	1	0	⑤
6	③−①×3	0	−2	−3	−3	0	1	⑥
8	④−⑧×2	1	0	5	−3	2	0	⑦
7	⑤÷(−1)	0	1	−1	2	−1	0	⑧
9	⑥−⑧×(−2)	0	0	−5	1	−2	1	⑨
11	⑦−⑫×5	1	0	0	−2	0	1	⑩
12	⑧−⑫×(−1)	0	1	0	$\frac{9}{5}$	$-\frac{3}{5}$	$-\frac{1}{5}$	⑪
10	⑨÷(−5)	0	0	1	$-\frac{1}{5}$	$\frac{2}{5}$	$-\frac{1}{5}$	⑫

よって，

$$A^{-1}=\begin{pmatrix} -2 & 0 & 1 \\ \frac{9}{5} & -\frac{3}{5} & -\frac{1}{5} \\ -\frac{1}{5} & \frac{2}{5} & -\frac{1}{5} \end{pmatrix}$$

例5の行列 A は例4の方程式(20)の左辺の行列だから，この A^{-1} に(20)の右辺を成分とする $\boldsymbol{b}$ をかければ，公式(17)による(20)の解が得られる．

$$\boldsymbol{x}=A^{-1}\boldsymbol{b}=\begin{pmatrix} -2 & 0 & 1 \\ \frac{9}{5} & -\frac{3}{5} & -\frac{1}{5} \\ -\frac{1}{5} & \frac{2}{5} & -\frac{1}{5} \end{pmatrix}\begin{pmatrix} 4 \\ 7 \\ 5 \end{pmatrix}=\begin{pmatrix} -3 \\ 2 \\ 1 \end{pmatrix}$$

5．行列式の積公式の証明

ここで，n 次の正方行列 A，B に対して，

$$|AB|=|A||B| \tag{23}$$

が成り立つことを，基本行変形を用いて証明しよう．

行列 A にある基本行変形を施すには，ある正則行列 P（実際には n 次の単位行列 E にその基本行変形を施して得られる行列）を A の左からかければよい．ところが，

$$(PA)B=P(AB)$$

であるから，A にある基本行変形を施してから B をかけたものは，A に B をかけてから同じ基本行変形を施したものになる．基本行変形を施した場合の行列式の値の変化を調べると，**3** の[I]では k 倍になり，[II]では不変，[III]では符号だけ変るから，どの場合も，倍率が施す変形だけに関係して施される行列には無関係となり，

$$\frac{|PA|}{|A|}=\frac{|PAB|}{|AB|}$$

が成り立つ．ただし，この式は分母と分子の一方が0ならば他方も0となることを意味するものとする．よって，

$$|AB|=|A||B| \Leftrightarrow |PAB|=|PA||B|.$$

したがって，(23)を証明するためには，A に基本行変形を何度か施して得られるある行列 A' に対して

$$|A'B|=|A'||B| \tag{24}$$

を証明すればよいことになる．

A が正則のときは，掃き出し法で用いた手順に従って基本行変形で A を単位行列 E に導くことができるから，(24)で $A'=E$ とおくと．

$$\text{左辺}=|EB|=|B|,\ \text{右辺}=|E||B|=1\times|B|=|B|$$

となり，(24)が成り立つ．

また，A が正則でないときは，掃き出し法で用いた手順で変形を進めるとき，ある段階で変形の対象となる列の対角要素とその下側の要素がすべて0になってしまう．それが最後の列でなければ次の列にとんで同様の変形を進める．このようにして，A を最後の行の要素がすべて0の行列 A' に導くことができる．そのとき $A'B$ の最後の行の要素もすべて0となるから，$|A'|=|A'B|=0$ で(24)が成り立つ．

よって，いずれの場合にも(23)が成り立つ．

練習問題 7

(☞解答 179 ページ)

1．次の各問の行列 A, B とそれらの積 AB について，対応する行列式を計算し，$|AB|=|A||B|$ が成り立つことを確かめよ．

(1) $A=\begin{pmatrix} 3 & 1 \\ 2 & 4 \end{pmatrix}$, $B=\begin{pmatrix} 2 & 3 \\ 5 & 4 \end{pmatrix}$

(2) $A=\begin{pmatrix} 1 & 0 & 3 \\ 3 & 2 & 1 \\ 4 & 5 & 2 \end{pmatrix}$, $B=\begin{pmatrix} 1 & 3 & 1 \\ 1 & -4 & 2 \\ 0 & 2 & -3 \end{pmatrix}$

2．本文 **1** の 2 次の行列式に関する(5)式の証明にならって，A, B が 3 次の正方行列のとき，$|AB|=|A||B|$ となることを証明せよ．

3． 3 個の空間ベクトル

$$\boldsymbol{a}=\begin{pmatrix} a_1 \\ a_2 \\ a_3 \end{pmatrix},\quad \boldsymbol{b}=\begin{pmatrix} b_1 \\ b_2 \\ b_3 \end{pmatrix},\quad \boldsymbol{c}=\begin{pmatrix} c_1 \\ c_2 \\ c_3 \end{pmatrix}$$

の内積を要素とする行列式を

$$\varDelta=\begin{vmatrix} (\boldsymbol{a},\ \boldsymbol{a}) & (\boldsymbol{a},\ \boldsymbol{b}) & (\boldsymbol{a},\ \boldsymbol{c}) \\ (\boldsymbol{b},\ \boldsymbol{a}) & (\boldsymbol{b},\ \boldsymbol{b}) & (\boldsymbol{b},\ \boldsymbol{c}) \\ (\boldsymbol{c},\ \boldsymbol{a}) & (\boldsymbol{c},\ \boldsymbol{b}) & (\boldsymbol{c},\ \boldsymbol{c}) \end{vmatrix}$$

とおくと，$\varDelta$ の値は $\boldsymbol{a}$, $\boldsymbol{b}$, $\boldsymbol{c}$ を 3 辺にもつ平行六面体の体積の 2 乗になることを示せ．

4．例 4 の連立 1 次方程式 (20) を掃き出し法で解く過程における各行列に対し，対応する連立 1 次方程式を求めて，行列の行変形に対応する式の変形を調べよ．

5．公式 (16) を用いて，次の行列の逆行列を求めよ．

(1) $\begin{pmatrix} 1 & 4 & 7 \\ 3 & 2 & 1 \\ 5 & 4 & 2 \end{pmatrix}$ (2) $\begin{pmatrix} 2 & -1 & 2 \\ 1 & -2 & -5 \\ -5 & 4 & 6 \end{pmatrix}$

6．前問の結果を公式 (17) に適用して，前問の行列を左辺の係数行列にもつ，次の連立 1 次方程式の解を求めよ．

(1) $\begin{cases} x+4y+7z=5 \\ 3x+2y+\ \ z=5 \\ 5x+4y+2z=5 \end{cases}$ (2) $\begin{cases} 2x-\ \ y+2z=-7 \\ x-2y-5z=\ \ 7 \\ -5x+4y+6z=-8 \end{cases}$

7．掃き出し法を用いて，前問の連立 1 次方程式を解け．

8．例5の表において，計算順5から12の基本行変形を施すためには，左からそれぞれどのような行列をかければよいか．また，これらの行列を順に左からかける（全体を右から並べて積を作る）と，求める逆行列が得られることを確かめよ．

9．次の行列の逆行列を掃き出し法によって求めよ．

(1) $\begin{pmatrix} 2 & 4 \\ 3 & 5 \end{pmatrix}$　　(2) $\begin{pmatrix} 1 & 2 & 3 \\ 3 & 5 & 8 \\ 4 & 6 & 7 \end{pmatrix}$

第 8 章　行列のランク

むだをはぶいて本質つかめ

1．解がない方程式と沢山ある方程式

未知数の数と式の数が等しい連立1次方程式は，係数の行列式 $\varDelta$ が 0 でないとき解がただ1組定まる．このことは，クラメルの公式によって具体的に示されるが，また，行列による表現

$$A\boldsymbol{x}=\boldsymbol{b} \tag{1}$$

を用いれば，$|A|=\varDelta\neq 0$ という条件から逆行列 A^{-1} が存在し，$\boldsymbol{x}=A^{-1}\boldsymbol{b}$ と表されることからも知られる．このことを大まかに表して，「式の数が未知数の数だけあれば解が定まる」と言うことがあるが，これはそういう感じだということであって，正確に言えばことはそれ程簡単ではない．たとえば，次の方程式を考えてみよう．

例 1

$$\begin{cases} x+\ \ y+2z=1 & ① \\ 2x+3y+\ \ z=4 & ② \\ 2x+5y-5z=0 & ③ \end{cases} \tag{2}$$

掃き出し法の要領で，右辺の定数項まで含めた係数の行列 B を，行変形によって変形してみよう．行同値な行列を～で表すと，

$$B=\begin{pmatrix}1 & 1 & 2 & 1\\ 2 & 3 & 1 & 4\\ 2 & 5 & -5 & 0\end{pmatrix}\overset{\substack{\text{第2行}-\text{第1行}\times 2\\ \text{第3行}-\text{第1行}\times 2}}{\sim}\begin{pmatrix}1 & 1 & 2 & 1\\ 0 & 1 & -3 & 2\\ 0 & 3 & -9 & -2\end{pmatrix}\overset{\substack{\text{第1行}-\text{第2行}\\ \text{第3行}-\text{第2行}\times 3}}{\sim}\begin{pmatrix}1 & 0 & 5 & -1\\ 0 & 1 & -3 & 2\\ 0 & 0 & 0 & -8\end{pmatrix} \tag{3}$$

この式は，与えられた連立1次方程式が

$$\begin{cases} x \qquad +5z=-1 \\ \qquad y-3z=\ \ 2 \\ \qquad\qquad 0=-8 \end{cases}$$

と同値になることを表している．

x，y，z にどんな値を入れてもこの最後の式 $0=-8$ は成り立たないから，この連立1次方程式には解がない．したがって，これと同値なはじめの連立1次方程式にも解はない．

例2

$$\begin{cases} x+\ \ y+2z=1 & \text{①} \\ 2x+3y+\ \ z=4 & \text{②} \\ 2x+5y-5z=8 & \text{③}' \end{cases} \tag{4}$$

前の例1と同様な変形をすると，今度は

$$B=\begin{pmatrix} 1 & 1 & 2 & 1 \\ 2 & 3 & 1 & 4 \\ 2 & 5 & -5 & 8 \end{pmatrix} \sim \begin{pmatrix} 1 & 0 & 5 & -1 \\ 0 & 1 & -3 & 2 \\ 0 & 0 & 0 & 0 \end{pmatrix} \tag{5}$$

となる．

これに対応する連立1次方程式

$$\begin{cases} x \qquad +5z=-1 \\ \qquad y-3z=\ \ 2 \\ \qquad\qquad 0=\ \ 0 \end{cases} \tag{6}$$

の第3式は恒等式だから無視してよい．したがって，z に任意の値を与えるとき，$x=-5z-1$，$y=3z+2$ によって(4)をみたす x，y が求められ，解は無限に多く存在する．このように解が1組に定まらない場合でも，x，y，z は何でもよいわけではないから，解全体を表す工夫が必要になる．

よく用いられるのは，

$$\begin{cases} x=-5c-1 \\ y=\ \ \ 3c+2 \qquad (c\text{ は任意定数}) \\ z=\ \ \ \ c \end{cases} \tag{7}$$

のように任意定数を用いてすべての解を表す方法で，この(7)を(6)の**一般解**という．

このようなことが起るのは，左辺の係数の行列式が

$$\Delta=\begin{vmatrix}1 & 1 & 2\\ 2 & 3 & 1\\ 2 & 5 & -5\end{vmatrix}=0 \tag{8}$$

となることによるのであるが，その情況をもう少し詳しく調べてみよう．

例2では，②×3－①×4＝③′となっているから③′は不要で，①，②の2つを連立させた方程式と同じになる．したがって，見かけ上は式の数と未知数の数が等しいが，実質的には式の数の方が少ない．また，例1では，③式が①，②から導かれる③′と矛盾しているから，解があるはずがないのである．

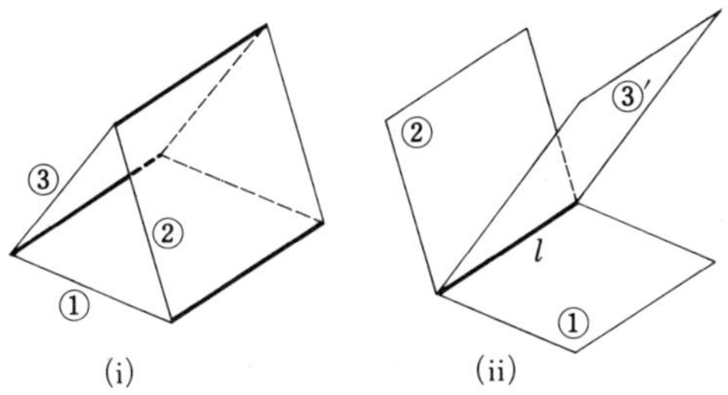

図1

幾何学的には，連立1次方程式(2)，(4)を解くことは，3つの式の表す3平面の共通点を求めることに当るが，例1の(2)では2つずつの平面の交線が図1(i)のように平行になってしまい，3平面の共通点はない．また，例2の(4)では3平面が1直線 l を共有し，したがって，直線 l 上の点がすべて(4)の解を与える．これは，2平面①，②の共有点を求めるのと同じになる．

2．むだな式・むだなベクトル

物を見る場合いろいろな角度から見ることが大切なことは何事についても言えると思うが，数学もこの例にもれない．とかく学生は1つの方法で問題が解けるとそこで思考を停止しがちであるが，解けた問題についてその意

義，他の解法，あるいはその問題の変形や拡張を考える習慣を身につけると，数学の理解がより深くなると思う．そこでいま，3元の連立1次方程式に対して**1．**で述べたものと別の幾何学的解釈を与え，これらと，係数行列の行列式および解との関連を調べよう．

まず，斉次連立1次方程式

$$\begin{cases} a_1x+b_1y+c_1z=0 \\ a_2x+b_2y+c_2z=0 \\ a_3x+b_3y+c_3z=0 \end{cases} \tag{9}$$

を考えよう．1つの考え方は，左辺が内積の形になっているから，3平面の共有点の代りに，3個のベクトル$(a_1,\ b_1,\ c_1)$，$(a_2,\ b_2,\ c_2)$，$(a_3,\ b_3,\ c_3)$のすべてに直交するベクトル$(x,\ y,\ z)$を求める問題とみることである．もう1つの考え方として，

$$\boldsymbol{a}=\begin{pmatrix} a_1 \\ a_2 \\ a_3 \end{pmatrix},\ \ \boldsymbol{b}=\begin{pmatrix} b_1 \\ b_2 \\ b_3 \end{pmatrix},\ \ \boldsymbol{c}=\begin{pmatrix} c_1 \\ c_2 \\ c_3 \end{pmatrix}$$

とおくとき，それらの1次結合が

$$x\boldsymbol{a}+y\boldsymbol{b}+z\boldsymbol{c}=\boldsymbol{0} \tag{10}$$

となる係数x，y，zを求める問題とも解釈できる．

そこで，(9)が自明でない解をもつ条件をこれらの異なる角度から眺めてみよう．大筋をみるため，係数行列

$$A=\begin{pmatrix} a_1 & b_1 & c_1 \\ a_2 & b_2 & c_2 \\ a_3 & b_3 & c_3 \end{pmatrix} \tag{11}$$

の行ベクトルも列ベクトルも零ベクトルでないとしよう．消去の定理により，$\varDelta=|A|=0$が(9)が自明でない解をもつための必要十分条件になる．

第1の幾何学的解釈について考えよう．$(x,\ y,\ z)$が零ベクトルでなければ，それと直交するすべてのベクトルは，始点を共通にとると1つの平面に含まれる．したがって，Aの3つの行ベクトルが**共面**になる．さらに，

$$\varDelta_1=\begin{vmatrix} a_1 & b_1 \\ a_2 & b_2 \end{vmatrix} \neq 0 \tag{12}$$

という条件を付け加えれば，(a_1, b_1, c_1) と (a_2, b_2, c_2) は平行でないから，これらによってその平面が決定され，(a_3, b_3, c_3) はそれらの 1 次結合として表される．このことは，(9)の第 3 式が，第 1 式と第 2 式から導かれることを示す．

第 2 の考え方では，ある $(x, y, z) \neq (0, 0, 0)$ について(10)が成り立つことになるが，条件(12)を仮定すれば $z \neq 0$ となるから，z で割って移項すると，$\boldsymbol{c}$ が $\boldsymbol{a}$，$\boldsymbol{b}$ の 1 次結合として，

$$\boldsymbol{c} = k_1\boldsymbol{a} + k_2\boldsymbol{b} \tag{13}$$

の形に表される．(12)が成り立たなくても，A の 2 次の小行列式の中に値が 0 でないものがあれば似た結果が成り立つ．

A の 2 次の小行列式がすべて 0 の場合には，各行の要素が比例するから，第 2 行，第 3 行は第 1 行のスカラー倍になる．これは，連立 1 次方程式の第 1 式から他の 2 つの式が導かれることを示す．また，このとき A の各列の要素も比例するから，$\boldsymbol{b}$，$\boldsymbol{c}$ が $\boldsymbol{a}$ によって

$$\boldsymbol{b} = k\boldsymbol{a},\ \ \boldsymbol{c} = h\boldsymbol{a} \quad (k,\ h \text{ はスカラー})$$

と表される．

次に，定数項のある一般の 3 元連立 1 次方程式

$$\begin{cases} a_1x + b_1y + c_1z = d_1 \\ a_2x + b_2y + c_2z = d_2 \\ a_3x + b_3y + c_3z = d_3 \end{cases} \tag{14}$$

を考えよう．右辺の定数項を成分とするベクトルを $\boldsymbol{d}$ で表すと，(14)は

$$x\boldsymbol{a} + y\boldsymbol{b} + z\boldsymbol{c} = \boldsymbol{d} \tag{15}$$

と表されるから，次の 2 つの幾何学的解釈ができる．

(i)　3 つの平面の交点を求める．

(ii)　$\boldsymbol{d}$ を $\boldsymbol{a}$，$\boldsymbol{b}$，$\boldsymbol{c}$ の 1 次結合で表す．

斉次の方程式(9)と違うのは，例 2 のように解がない場合が起ることである．$|A| \neq 0$ ならば解はただ 1 組必ず存在する．$|A| = 0$ で(12)が成り立つとき，(14)の第 3 式の左辺が第 1 式，第 2 式から導かれるが，そのとき右辺が d_3 に等しくなれば解が存在し，等しくならなければ解は存在しない．第 2 の解釈では，(13)により，(15)の左辺は 2 つのベクトル $\boldsymbol{a}$，$\boldsymbol{b}$ の 1 次結合になるから，

それらの全体は共面となり，$\boldsymbol{d}$ がそれに含まれるときだけ解が存在する．また，A の2次の小行列式がすべて0で $a_1 \neq 0$ のときは，(14)の第2式，第3式の左辺は第1式の左辺の定数倍として導かれ，そのとき右辺がそれぞれ d_2，d_3 に一致すれば解があり，どちらか一致しなければ解はない．第2の解釈では，このとき $\boldsymbol{b}$，$\boldsymbol{c}$ は $\boldsymbol{a}$ のスカラー倍になり，(15)の左辺が $\boldsymbol{a}$ のスカラー倍になるから，$\boldsymbol{d}$ が $\boldsymbol{a}$ のスカラー倍のときだけ解が存在する．

いずれの場合にも，1つの解 $(x_0,\ y_0,\ z_0)$ があれば，$x_0\boldsymbol{a}+y_0\boldsymbol{b}+z_0\boldsymbol{c}=\boldsymbol{d}$ を(15)から引いて，

$$x-x_0=X,\quad y-y_0=Y,\quad z-z_0=Z \tag{16}$$

とおくと，X，Y，Z についての斉次方程式

$$X\boldsymbol{a}+Y\boldsymbol{b}+Z\boldsymbol{c}=0 \tag{17}$$

が得られるから，(15)の解と(17)の解が1対1に対応する．この $(x_0,\ y_0,\ z_0)$ のような1つの解を**特解**という．(16)から，

$$x=x_0+X,\quad y=y_0+Y,\quad z=z_0+Z$$

と表され，(17)は(10)と同じ解をもつから，

(15)の一般解 ＝ (15)の特解 ＋ (10)の一般解

という関係が成り立つ．

(14)が解をもつとき，上に述べた3つの場合について，(14)のうち本当に必要な式の数と，一般の $\boldsymbol{d}$ を $\boldsymbol{a}$，$\boldsymbol{b}$，$\boldsymbol{c}$ のうち何個かの1次結合で表すのに必要なベクトルの数とをまとめると次のようになる．ただし，$A \neq O$ とする．

	A に関する行列式の条件	式の数	ベクトルの数
(i)	$\lvert A\rvert \neq 0$	3	3
(ii)	$\lvert A\rvert=0$，ある2次の小行列式 $\neq 0$	2	2
(iii)	2次の小行列式がすべて0	1	1

3．1次独立・1次従属

前節の3元斉次連立1次方程式(9)において，$|A|=0$ のときには実際に必要な式の数は1つか2つで，他の式はそれらから導くことができる．また，空間ベクトル $\boldsymbol{d}$ が(15)のように $\boldsymbol{a}$，$\boldsymbol{b}$，$\boldsymbol{c}$ の1次結合で表されているとき，

$|A|=0$ ならばそれらのうち1つか2つの1次結合で表される．それは，(10)が $(x, y, z)\neq(0, 0, 0)$ となる解をもつことに由来する．このように，1次結合を作るのにむだがあるかないかを表すのに，1次従属，1次独立という言葉を用いる．

線形空間 V において，与えられた n 個のベクトル $\boldsymbol{a}_1, \boldsymbol{a}_2, \cdots, \boldsymbol{a}_n$ に対して，$(k_1, k_2, \cdots, k_n)\neq(0, 0, \cdots, 0)$ となる（少なくとも1つは0でないという意味）スカラー $k_1, k_2, \cdots, k_n$ で，

$$k_1\boldsymbol{a}_1+k_2\boldsymbol{a}_2+\cdots+k_n\boldsymbol{a}_n=\boldsymbol{0} \tag{18}$$

をみたすものがあるとき，$\boldsymbol{a}_1, \boldsymbol{a}_2, \cdots, \boldsymbol{a}_n$ は**1次従属**であるといい，そうでないとき**1次独立**であるという．(18)で，たとえば $k_1\neq0$ ならば，

$$\boldsymbol{a}_1=-\frac{k_2}{k_1}\boldsymbol{a}_2-\cdots-\frac{k_n}{k_1}\boldsymbol{a}_n$$

となり，逆に $\boldsymbol{a}_1$ が残りの1次結合になれば(18)が $k_1=1$ で成り立つから，1次従属とは，そのうちのどれかが残りの1次結合で表せることで，それらを用いて1次結合を作るときむだがあることである．1次従属の定義の否定を考えれば，1次独立とは，(18)が成り立つのがすべての係数が0になるときだけであることと定義することができる．

$$\begin{array}{ccc}\boldsymbol{a}_1, \boldsymbol{a}_2, \cdots, \boldsymbol{a}_n & \Leftrightarrow & k_1\boldsymbol{a}_1+k_2\boldsymbol{a}_2+\cdots+k_n\boldsymbol{a}_n=\boldsymbol{0} \\ \text{が1次独立} & & \text{ならば } k_1=k_2=\cdots=k_n=0\end{array}$$

例3　**0**でない2つの平面ベクトルが1次独立になるのは，それらが平行でない(一直線上に表せない)ときである．また，3つの空間ベクトルが1次独立になるのは，それらが共面でないときである．3個以上の平面ベクトル，4個以上の空間ベクトルはつねに1次従属となる．

例4　$\boldsymbol{a}_1=\boldsymbol{0}$ のとき，$k_1\neq0$ を任意にとり，$k_2=\cdots=k_n=0$ とすると，

$$k_1\boldsymbol{a}_1+k_2\boldsymbol{a}_2+\cdots+k_n\boldsymbol{a}_n=k_1\boldsymbol{0}+0\boldsymbol{a}_2+\cdots+0\boldsymbol{a}_n=\boldsymbol{0}$$

となるから，$\boldsymbol{a}_1, \boldsymbol{a}_2, \cdots, \boldsymbol{a}_n$ の中に**0**が1つでもあれば全体が1次従属になる．

1次従属，1次独立という言葉は何となく親しみにくいかもしれないが，それぞれ，1次的な関係があること，1次的な関係がないことといった感じでとらえてもらいたい．

ベクトルの1次独立性を用いると，一般の線形空間の次元を定義することができる．

線形空間 V の n 個のベクトル $\boldsymbol{a}_1$, $\boldsymbol{a}_2$, …, $\boldsymbol{a}_n$ の1次結合全体を，

$$W=[\boldsymbol{a}_1,\ \boldsymbol{a}_2,\ \cdots,\ \boldsymbol{a}_n]=\{k_1\boldsymbol{a}_1+k_2\boldsymbol{a}_2+\cdots+k_n\boldsymbol{a}_n \mid k_1,\ k_2,\ \cdots,\ k_n\in\boldsymbol{R}\} \tag{19}$$

で表す．W は $\boldsymbol{a}_1$, $\boldsymbol{a}_2$, …, $\boldsymbol{a}_n$ を含む最小の部分空間で，$\boldsymbol{a}_1$, $\boldsymbol{a}_2$, …, $\boldsymbol{a}_n$ の**張る部分空間**，または $\boldsymbol{a}_1$, $\boldsymbol{a}_2$, …, $\boldsymbol{a}_n$ の**生成する部分空間**と呼ばれる．$\boldsymbol{a}_1$, $\boldsymbol{a}_2$, …, $\boldsymbol{a}_n$ が空間 V 全体を張る1次独立なベクトルのとき，これらを V の**基底**という．

$$\begin{array}{c}\boldsymbol{a}_1,\ \boldsymbol{a}_2,\ \cdots,\ \boldsymbol{a}_n\\ \text{が } V \text{ の基底}\end{array} \iff \begin{cases} V=[\boldsymbol{a}_1,\ \boldsymbol{a}_2,\ \cdots,\ \boldsymbol{a}_n] \\ \boldsymbol{a}_1,\ \boldsymbol{a}_2,\ \cdots,\ \boldsymbol{a}_n \text{ は1次独立}\end{cases}$$

例5 平面ベクトルの空間では，平行でない2つのベクトルはすべて基底になる．たとえば，

$$\boldsymbol{e}_1=\begin{pmatrix}1\\0\end{pmatrix},\ \boldsymbol{e}_2=\begin{pmatrix}0\\1\end{pmatrix},\ \boldsymbol{a}_1=\begin{pmatrix}2\\-1\end{pmatrix},\ \boldsymbol{a}_2=\begin{pmatrix}1\\3\end{pmatrix},\ \boldsymbol{x}=\begin{pmatrix}x_1\\x_2\end{pmatrix}$$

とおくと，$\boldsymbol{e}_1$, $\boldsymbol{e}_2$ も $\boldsymbol{a}_1$, $\boldsymbol{a}_2$ も1組の基底になり，これらの1次結合として $\boldsymbol{x}$ を表す式は，それぞれ，

$$\boldsymbol{x}=x_1\boldsymbol{e}_1+x_2\boldsymbol{e}_2,\quad \boldsymbol{x}=\frac{3x_1-x_2}{7}\boldsymbol{a}_1+\frac{x_1+2x_2}{7}\boldsymbol{a}_2$$

となる．

V の基底のとり方は（$V=\{\boldsymbol{0}\}$ を除き）無限にあるが，どの基底をとってもそれを構成するベクトルの数は一定になる．V が n 個のベクトルから成る基底をもつとき，V は ***n* 次元**であるといい，$\dim V=n$ と表す．このとき，V の $n+1$ 個以上のベクトルはすべて1次従属になる．V の中にいくらでも多くの1次独立なベクトルがあるとき，V は無限次元であるといい，$\dim V=\infty$ と表す．これに対し，V が有限個のベクトルから成る基底をもつとき，V は有限次元であるという．

例6 平面ベクトルの空間，空間ベクトルの空間は，座標軸方向の単位ベクトルを1組の基底にとれるから，それぞれ，2次元，3次元である．また，n 次元数ベクトルの空間は，基本ベクトル $\boldsymbol{e}_1$, $\boldsymbol{e}_2$, …, $\boldsymbol{e}_n$ を1組の基底にとれるから n 次元である．実数の数列 $\{x_n\}$ 全体の作る空間 S では，第 n 項

が1で他の項がすべて0の数列を $\boldsymbol{e}_n$ で表すと，n がどんなに大きくても，$\boldsymbol{e}_1$，$\boldsymbol{e}_2$，…，$\boldsymbol{e}_n$ は1次独立になる．よって，$\dim S=\infty$ である．

4．行列のランク

3元の連立1次方程式の性質を係数行列 A の小行列式についての条件によって分類した結果を，前々節 2. の終りに表で示した．ここで「式の数」というのは A の行ベクトルのうち1次独立なものが最大何個あるかということであり，「ベクトルの数」というのは，列ベクトルのうち1次独立なものの最大数である．表は，これらの値が一致して，A から作られる行列式のうち，値が0でないもので何次のものがあるかという次数の最大値に等しくなることを示している．実は，この性質はすべての行列について成り立ち，その行列の特性を表す重要な値を与える．

一般に，$m\times n$ 行列

$$A=\begin{pmatrix} a_{11} & a_{12} & \cdots & a_{1n} \\ a_{12} & a_{22} & \cdots & a_{2n} \\ \vdots & \vdots & & \vdots \\ a_{m1} & a_{m2} & \cdots & a_{mn} \end{pmatrix} \tag{20}$$

について r 個の行と r 個の列を選んで，選んだ行以外の要素をすべてとり除き，残りから選んだ列以外の要素を除いてできる $r\times r$ 行列の行列式を，A の **r 次の小行列式**という．A の小行列式のうちで値が0でないものの最大次数を A の**ランク**（rank）または**階数**といい，rank A，r(A) 等で表す．r 次の小行列式で値が0でないものがあり，$r+1$ 次の小行列式の値がすべて0のとき，それ以上の次数の小行列式の値も0になるから，A のランクは r である．

例7　例2の行列 $B=\begin{pmatrix} 1 & 1 & 2 & 1 \\ 2 & 3 & 1 & 4 \\ 2 & 5 & -5 & 8 \end{pmatrix}$ を調べよう．

3次の小行列式は，

$$\begin{vmatrix}1&1&2\\2&3&1\\2&5&-5\end{vmatrix},\quad\begin{vmatrix}1&1&1\\2&3&4\\2&5&8\end{vmatrix},\quad\begin{vmatrix}1&2&1\\2&1&4\\2&-5&8\end{vmatrix},\quad\begin{vmatrix}1&2&1\\3&1&4\\5&-5&8\end{vmatrix}$$

の4個で，値はすべて0になる．2次の小行列式で，値が0でないものがあるから（たとえば，$\begin{vmatrix}1&1\\2&3\end{vmatrix}=1$），$\mathrm{rank}\,B=2$ となる．この行列では，2つの行の選び方が ${}_3C_2=3$ 通り，2つの列の選び方が ${}_4C_2=6$ 通りあるから，2次の小行列式は $3\times6=18$ 個できて，どれも値が0にならないが，ランクが2以上であることを主張するには，値が0でないものが1つあることを示せばよい．

はじめに引用した**2**末の表の(i)，(ii)，(iii)は，それぞれ，A のランクが3，2，1の場合である．一般の行列(20)の場合にも，$\mathrm{rank}\,A=r$ のとき，行ベクトルのうち1次独立なものの最大数も，列ベクトルのうち1次独立なものの最大数もともに r になる．A の列のベクトルを $\boldsymbol{a}_1$，$\boldsymbol{a}_2$，…，$\boldsymbol{a}_n$ とし，簡単のため，はじめの r 個が1次独立とする．どの $r+1$ 個も1次従属だから，$\boldsymbol{a}_{r+1}$，…，$\boldsymbol{a}_n$ は $\boldsymbol{a}_1$，…，$\boldsymbol{a}_r$ で表される．そこで，列ベクトルの張る空間 V が，

$$V=[\boldsymbol{a}_1,\ \boldsymbol{a}_2,\ \cdots,\ \boldsymbol{a}_n]=[\boldsymbol{a}_1,\ \boldsymbol{a}_2,\ \cdots,\ \boldsymbol{a}_r]$$

となり，1次独立な r 個のベクトルで張られているから，$\dim V=r$ となる．同様にして，行ベクトル全体の張る空間も r 次元になる．

このことは，行列のランクを求めるのに役立つ．行列に基本行変形を施しても行ベクトルの生成する空間全体は変らないから，都合のよい形に変形して調べるとよい．たとえば，例2の行列 B を(5)のように変形すると，第1行と第2行の2つのベクトルは（成分が比例していないから）1次独立で，第3行は零ベクトルだから，1次独立な行ベクトルの最大個数として，ランクは2であることが分る．

$m\times n$ 行列 A は，ある n 次元数ベクトルの空間 $\boldsymbol{R}^n$ から，m 次元数ベクトルの空間 $\boldsymbol{R}^m$ への線形写像 f を表すと考えられる．$\boldsymbol{R}^n$ の基本ベクトル $\boldsymbol{e}_1$，$\boldsymbol{e}_2$，…，$\boldsymbol{e}_n$ の f による像が A の列ベクトル $\boldsymbol{a}_1$，$\boldsymbol{a}_2$，…，$\boldsymbol{a}_n$ だから，f による $\boldsymbol{R}^n$ の像が列ベクトルの張る空間 $[\boldsymbol{a}_1,\ \boldsymbol{a}_2,\ \cdots,\ \boldsymbol{a}_n]$（これを f の**像空間**

という)になり，その次元がAのランクになっている．

このように，Aのランクに対していろいろな見方ができるので，それらをまとめておこう．

(i)　値が0でない小行列式の次数の最大値

(ii)　1次独立な行ベクトルの個数の最大値

(iii)　1次独立な列ベクトルの個数の最大値

(iv)　行ベクトルの張る空間の次元

(v)　列ベクトルの張る空間の次元

(vi)　行列の表す1次写像による像空間の次元

5．一般の連立1次方程式

いままで，連立1次方程式は未知数の数と式の数が同じものだけを考えたが，例2の(4)のように，見かけ上は未知数の数と式の数が同じでも実質的な式の数は少ない場合もできるので，未知数の数と式の数の異なる連立1次方程式も考えることにする．応用上も，このような方程式が必要になる場合がある．一般の形は，

$$\begin{cases} a_{11}x_1+a_{12}x_2+\cdots+a_{1n}x_n=b_1 \\ a_{21}x_1+a_{22}x_2+\cdots+a_{2n}x_n=b_2 \\ \qquad\cdots\qquad\cdots\qquad\cdots \\ a_{m1}x_1+a_{m2}x_2+\cdots+a_{mn}x_n=b_m \end{cases} \tag{21}$$

で与えられる．ここで，

$$A=\begin{pmatrix} a_{11} & a_{12} & \cdots & a_{1n} \\ a_{21} & a_{22} & \cdots & a_{2n} \\ \vdots & \vdots & & \vdots \\ a_{m1} & a_{m2} & \cdots & a_{mn} \end{pmatrix},\quad B=\begin{pmatrix} a_{11} & a_{12} & \cdots & a_{1n} & b_1 \\ a_{21} & a_{22} & \cdots & a_{2n} & b_2 \\ \vdots & \vdots & & \vdots & \vdots \\ a_{m1} & a_{m2} & \cdots & a_{mn} & b_m \end{pmatrix}$$

とおき，Bの列ベクトルを$\boldsymbol{a}_1$，$\boldsymbol{a}_2$，…，$\boldsymbol{a}_n$，$\boldsymbol{b}$で表すと，(21)は

$$x_1\boldsymbol{a}_1+x_2\boldsymbol{a}_2+\cdots+x_n\boldsymbol{a}_n=\boldsymbol{b}$$

となるが，これが解をもつのは，$\boldsymbol{b}$が$\boldsymbol{a}_1$，$\boldsymbol{a}_2$，…，$\boldsymbol{a}_n$の張る空間Vに入っている場合である．$\boldsymbol{b}$がVに入っていれば，$\boldsymbol{a}_1$，$\boldsymbol{a}_2$，…，$\boldsymbol{a}_n$に$\boldsymbol{b}$を付

けたしてもそれらの張る空間は変らないから，その次元も変らないし，入っていなければ，$\boldsymbol{b}$ を付けたすと空間が大きくなって次元も増える．よって，(21)が解をもつための必要十分条件は，

$$\dim[\boldsymbol{a}_1,\ \boldsymbol{a}_2,\ \cdots,\ \boldsymbol{a}_n]=\dim[\boldsymbol{a}_1,\ \boldsymbol{a}_2,\ \cdots,\ \boldsymbol{a}_n,\ \boldsymbol{b}]$$

で与えられる．行列の列ベクトルの張る空間の次元がランクになることから，これはまた

$$\mathrm{rank}\ A=\mathrm{rank}\ B \tag{22}$$

と表される．

この条件が成り立つとき，A，B のランクを r とすると，A に1次独立な r 個の行が存在し，(21)の解は，それらに対応する r 個の方程式を解いて得られる．記号を簡単にするため，A のはじめの r 個の行と r 個の列からできる小行列式が0でない場合を考えると，

$$\begin{cases} a_{11}x_1+\cdots+a_{1r}x_r+a_{1r+1}x_{r+1}+\cdots+a_{1n}x_n=b_1 \\ \cdots\quad\cdots\quad\cdots\quad\cdots\quad\cdots\quad\cdots\quad\cdots \\ a_{r1}x_1+\cdots+a_{rr}x_r+a_{rr+1}x_{r+1}+\cdots+a_{rn}x_n=b_r \end{cases}$$

を解くことになる．

$$x_{r+1}=c_1,\ \cdots,\ x_n=c_{n-r} \tag{23}$$

とおくと，x_1，…，x_r についての連立1次方程式

$$\begin{cases} a_{11}x_1+\cdots+a_{1r}x_r=-a_{1r+1}c_1-\cdots-a_{1n}c_{n-r}+b_1 \\ \cdots\quad\cdots\quad\cdots\quad\cdots\quad\cdots\quad\cdots\quad\cdots \\ a_{r1}x_1+\cdots+a_{rr}x_r=-a_{rr+1}c_1-\cdots-a_{rn}c_{n-r}+b_r \end{cases}$$

が得られる．これを解くと，左辺の係数行列の行列式が0でないから，解はただ1組定まる．これと(23)を合わせると，$n-r$ 個の任意定数 c_1，…，c_{n-r} を含む(21)の**一般解**が求められる．

以上の結果をまとめると次のようになる．

「連立1次方程式(21)が解をもつための必要十分条件は rank A＝rank B となることで，これが成り立つとき，その等しい値を r とすると，(21)の一般解は $n-r$ 個の任意定数を含む．」

実際の計算は，例2のように係数行列を変形して行うのが便利である．

練習問題 8　(☞解答 *180* ページ)

1．例 1 の 3 個の式が表す 3 個の平面について，①と②の交線を l，①と③の交線を m，②と③の交線を n とする．

(1)　l，m，n の方向比を求めよ．

(2)　l，m，n と xy-平面との交点の座標を求めよ．

2．行列 $A=\begin{pmatrix} a_{11} & a_{12} & a_{13} \\ a_{21} & a_{22} & a_{23} \\ a_{31} & a_{32} & a_{33} \end{pmatrix}$ の列ベクトルを $\boldsymbol{a}_1$，$\boldsymbol{a}_2$，$\boldsymbol{a}_3$ とし，a_{ij} の余因数を A_{ij} とする．$|A|=0$，$A_{11}\neq 0$ のとき，$\boldsymbol{a}_1$ を $\boldsymbol{a}_2$，$\boldsymbol{a}_3$ の 1 次結合で表せ．

3．空間ベクトル

$$\boldsymbol{a}=\begin{pmatrix} 7 \\ 4 \\ 8 \end{pmatrix},\ \boldsymbol{b}=\begin{pmatrix} 2 \\ 0 \\ 3 \end{pmatrix},\ \boldsymbol{c}=\begin{pmatrix} 5 \\ 1 \\ 6 \end{pmatrix} \text{ および } \boldsymbol{x}=\begin{pmatrix} x_1 \\ x_2 \\ x_3 \end{pmatrix}$$

について，次の問に答えよ．

(1)　$\boldsymbol{a}$，$\boldsymbol{b}$，$\boldsymbol{c}$ は 1 次独立であることを示せ．

(2)　$\boldsymbol{x}$ を $\boldsymbol{a}$，$\boldsymbol{b}$，$\boldsymbol{c}$ の 1 次結合で表せ．

4．次の行列のランクを求めよ．

(1)　$\begin{pmatrix} 2 & -1 & 3 & -5 \\ 1 & 3 & 7 & -6 \\ -4 & 9 & 5 & 3 \end{pmatrix}$

(2)　$\begin{pmatrix} 1 & -1 & 2 & -3 & 1 \\ -3 & 1 & -4 & 1 & -9 \\ 5 & 3 & 7 & -9 & 7 \\ 2 & -8 & 5 & -4 & 6 \end{pmatrix}$

5．A が n 次の正則行列のとき，n 次元ベクトル $\boldsymbol{a}_1$，$\boldsymbol{a}_2$，…，$\boldsymbol{a}_m$ が 1 次独立ならば，$A\boldsymbol{a}_1$，$A\boldsymbol{a}_2$，…，$A\boldsymbol{a}_m$ も 1 次独立であることを示せ．

6．次の関係が成り立たないような 2 次の正方行列 A，B の例をあげよ．

(1)　$\mathrm{rank}\,AB=\mathrm{rank}\,BA$　　(2)　$\mathrm{rank}\,AB=\min(\mathrm{rank}\,A,\ \mathrm{rank}\,B)$

7．次の関係が成り立つことを示せ．ただし，A，B は左辺の演算が定義されるような行列とする．

(1)　$\mathrm{rank}\,AB\leqq\mathrm{rank}\,A$　　(2)　$\mathrm{rank}\,AB\leqq\mathrm{rank}\,B$

(3)　$\mathrm{rank}\,(A+B)\leqq\mathrm{rank}\,A+\mathrm{rank}\,B$

8．次の連立1次方程式の一般解を求めよ．

(1) $\begin{cases} x+\ \ y+3z=2 \\ 3x+2y+\ \ z=5 \\ 5x+4y+7z=9 \end{cases}$　(2) $\begin{cases} x_1+3x_2+4x_3+2x_4=5 \\ 2x_1+5x_2+3x_3+5x_4=6 \\ 3x_1+7x_2+2x_3+8x_4=7 \end{cases}$

(3) $\begin{cases} x_1+3x_2+\ \ x_3+7x_4=7 \\ 2x_1+5x_2+\ \ x_3+8x_4=7 \\ 4x_1+5x_2+2x_3+6x_4=4 \\ 5x_1+2x_2+4x_3+5x_4=4 \end{cases}$

第 9 章　正方行列の固有値

仲間を集めて代表選ぶ

1．対称移動を表す行列

座標平面上のベクトルの1次変換は2次の正方行列で表され，逆に，2次の正方行列には1次変換が対応する．この意味で，2次の正方行列は平面ベクトルの1次変換の1つの表現と考え同一視できるが，これは平面上に座標系が与えられた場合の話である．平面ベクトル自身は，幾何学的あるいは物理学的にみて，有向線分（平行移動したものを同じとみる）あるいは大きさと方向（向きも考慮）をもった量として座標系と無関係に考えることができるから，平面ベクトルの1次変換も座標と関係なく与えることができる．

たとえば，ある平面上に直線 l が与えられたとき，その平面上の各ベクトルに，直線 l に関して対称なベクトルを対応させれば，平面ベクトルの1次変換が得られる．原点が直線 l 上にある座標系を定め，各ベクトルに始点を原点とした場合の終点を対応させると，各ベクトルがそれを位置ベクトルにもつ点で表される．このとき，いま与えた1次変換は，平面上の点の直線 l

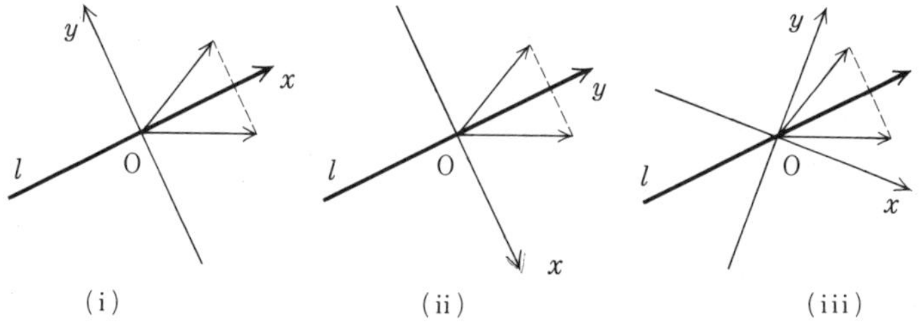

図1

に関する対称移動になり，点の座標の対応を与える行列で表される．この行列が，座標軸の位置によりどのように変るかを調べてみよう．

図1(i)は直線 l を x 軸にした場合，(ii)は l を y 軸にした場合，(iii)は l が x 軸と y 軸の2等分線になる場合で，それぞれに対応する式と行列は次のようになる．

$$\text{式}\quad \begin{cases} x'=x \\ y'=-y \end{cases} \qquad \begin{cases} x'=-x \\ y'=y \end{cases} \qquad \begin{cases} x'=y \\ y'=x \end{cases}$$

$$\text{行列}\quad \begin{pmatrix} 1 & 0 \\ 0 & -1 \end{pmatrix} \qquad \begin{pmatrix} -1 & 0 \\ 0 & 1 \end{pmatrix} \qquad \begin{pmatrix} 0 & 1 \\ 1 & 0 \end{pmatrix}$$

一般に，図2のような座標系について，座標軸の正の方向の単位ベクトルを $\boldsymbol{e}_1$，$\boldsymbol{e}_2$ とし，直線 l についてこれらに対称なベクトルをそれぞれ $\boldsymbol{a}_1$，$\boldsymbol{a}_2$ とすると，直線 l に関する対称移動を表す行列 A はこれらを列ベクトルにもつ．直線 l が x 軸となす角を θ とすると，図から，

$$\boldsymbol{a}_1=\begin{pmatrix} \cos 2\theta \\ \sin 2\theta \end{pmatrix},\ \boldsymbol{a}_2=\begin{pmatrix} \sin 2\theta \\ -\cos 2\theta \end{pmatrix}$$

となるから，

$$A=(\boldsymbol{a}_1\ \ \boldsymbol{a}_2)=\begin{pmatrix} \cos 2\theta & \sin 2\theta \\ \sin 2\theta & -\cos 2\theta \end{pmatrix} \tag{1}$$

と表される．

次に，この表現行列を，直接図2を用いずに，図1(i)の座標系による行列から導いてみよう．n 次元への一般化を考慮して記号を変え，図3のように

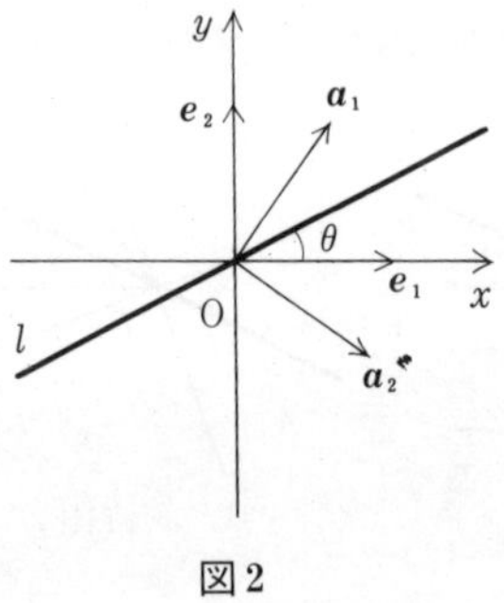

図2

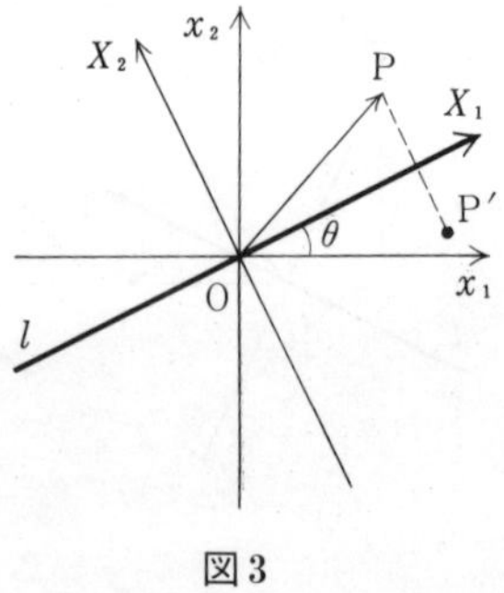

図3

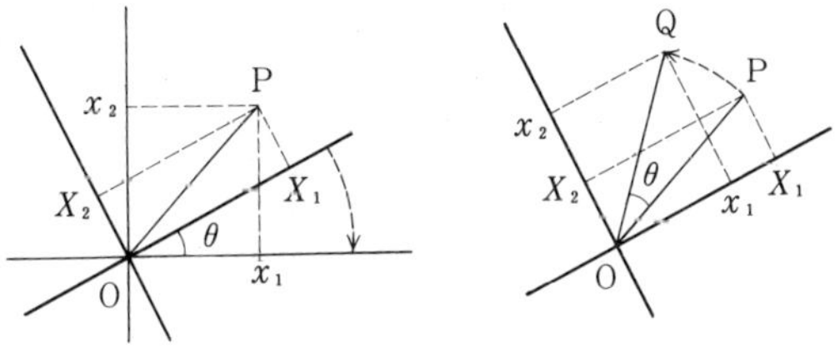

図4

座標を表すことにする．平面上の点Pの，それぞれの座標系における座標を成分とする数ベクトルを

$$\boldsymbol{x}=\begin{pmatrix} x_1 \\ x_2 \end{pmatrix},\quad \boldsymbol{X}=\begin{pmatrix} X_1 \\ X_2 \end{pmatrix} \tag{2}$$

とし，直線 l に関してPに対称な点P′に対するものを，それぞれ $\boldsymbol{x}'$，$\boldsymbol{X}'$ で表す．$\boldsymbol{x}$ と $\boldsymbol{X}$ の関係をみるのに，$\boldsymbol{X}$ から $\boldsymbol{x}$ への対応は点Pを固定して座標軸を負の向きに θ だけ回転するのだから，相対的にみて，座標軸を固定して点Pを原点Oのまわりに正の向きに θ だけ回転するのと同じになる．したがって，原点のまわりの角 θ の回転を表す1次変換の行列

$$T=\begin{pmatrix} \cos\theta & -\sin\theta \\ \sin\theta & \cos\theta \end{pmatrix} \tag{3}$$

を用いて，この関係は

$$\boldsymbol{x}=T\boldsymbol{X} \tag{4}$$

と表される．点P′についても同じ関係が成り立つから，

$$\boldsymbol{x}'=T\boldsymbol{X}' \tag{5}$$

となる．ところで，直線 l に関する対称移動は，座標 X を用いれば，行列

$$B=\begin{pmatrix} 1 & 0 \\ 0 & -1 \end{pmatrix} \tag{6}$$

によって，

$$\boldsymbol{X}'=B\boldsymbol{X} \tag{7}$$

と表されるが，この関係はまた，座標系 $\boldsymbol{x}$ を用いた場合の行列 A と，座標変換の行列 T を用いても表される．(5)式に左から T^{-1} を施して得られる

$\boldsymbol{X}'=T^{-1}\boldsymbol{x}'$ と，$\boldsymbol{x}'=A\boldsymbol{x}$ および(4)を用いて，

$$\boldsymbol{X}'=T^{-1}\boldsymbol{x}'=T^{-1}A\boldsymbol{x}=T^{-1}AT\boldsymbol{X} \tag{8}$$

この式と(7)を比較して（章末問題2．参照），

$$B=T^{-1}AT \tag{9}$$

が得られる．T を左から，T^{-1} を右からかけて得られる $A=TBT^{-1}$ を用いて計算すると，

$$\begin{aligned}A&=\begin{pmatrix}\cos\theta & -\sin\theta\\ \sin\theta & \cos\theta\end{pmatrix}\begin{pmatrix}1 & 0\\ 0 & -1\end{pmatrix}\begin{pmatrix}\cos\theta & \sin\theta\\ -\sin\theta & \cos\theta\end{pmatrix}\\ &=\begin{pmatrix}\cos\theta & \sin\theta\\ \sin\theta & -\cos\theta\end{pmatrix}\begin{pmatrix}\cos\theta & \sin\theta\\ -\sin\theta & \cos\theta\end{pmatrix}\\ &=\begin{pmatrix}\cos^2\theta-\sin^2\theta & 2\sin\theta\cos\theta\\ 2\sin\theta\cos\theta & \sin^2\theta-\cos^2\theta\end{pmatrix}\\ &=\begin{pmatrix}\cos 2\theta & \sin 2\theta\\ \sin 2\theta & -\cos 2\theta\end{pmatrix}\end{aligned}$$

となり，(1)が導かれる．

2．直交変換と直交行列

前節で用いた平面ベクトルの1次変換は，どれも原点を通る直線に関する対称移動か，原点のまわりの回転によって与えられたが，これらの1次変換はすべてのベクトルの長さを変えないという著しい特徴をもっている．

一般に，n 次元数ベクトルの空間 $\boldsymbol{R}^n$ において，すべてのベクトルの長さを変えない1次変換を**直交変換**という．

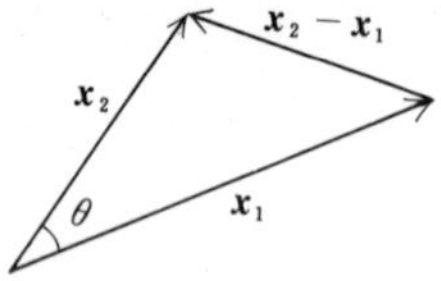

図5

余弦法則を図5の三角形に適用すると，

$$(\boldsymbol{x}_1,\ \boldsymbol{x}_2)=|\boldsymbol{x}_1||\boldsymbol{x}_2|\cos\theta=\frac{1}{2}(|\boldsymbol{x}_1|^2+|\boldsymbol{x}_2|^2-|\boldsymbol{x}_2-\boldsymbol{x}_1|^2)$$

となるが，この式は一般の $\boldsymbol{R}^n$ で成り立つ．したがって，ベクトルの長さを変えない変換では内積も変らない．

ベクトル $\boldsymbol{u}_1$, $\boldsymbol{u}_2$, …, $\boldsymbol{u}_n$ が互いに直交する単位ベクトルであるとき，これらは**正規直交系**をなすという．この条件は，内積を用いて

$$(\boldsymbol{u}_i,\ \boldsymbol{u}_j)=\begin{cases}1 & (i=j)\\ 0 & (i\neq j)\end{cases} \tag{10}$$

と表される．正規直交系に直交変換を施したとき，内積が変らないから，像ベクトルもまた(10)と同じ条件をみたし，正規直交系となる．

逆に，$\boldsymbol{R}^n$ の1次変換 f による正規直交系の像がつねに正規直交系になるとき，f は直交変換となるので，直交変換は次の互いに同値な条件の1つで特徴づけられる．

(i)　ベクトルの長さを変えない1次変換

(ii)　ベクトルの内積を変えない1次変換

(iii)　正規直交系を正規直交系に移す1次変換

次に，$\boldsymbol{R}^n$ における直交変換がどんな行列で表されるかを調べよう．ベクトルの長さの条件から行列の条件を導くためには，ベクトルの内積を行列の記法で表しておくのが便利である．縦ベクトル

$$\boldsymbol{x}=\begin{pmatrix}x_1\\x_2\\\vdots\\x_n\end{pmatrix},\quad \boldsymbol{y}=\begin{pmatrix}y_1\\y_2\\\vdots\\y_n\end{pmatrix}$$

に対し，これらを n 行1列の行列とみて，${}^t\boldsymbol{x}=(x_1\ x_2\ \cdots\ x_n)$ と $\boldsymbol{y}$ の行列としての積 ${}^t\boldsymbol{x}\boldsymbol{y}$ を作ると1行1列の行列となるが，これをスカラーと同一視すると，

$${}^t\boldsymbol{x}\boldsymbol{y}=x_1y_1+x_2y_2+\cdots+x_ny_n=(\boldsymbol{x},\ \boldsymbol{y}) \tag{11}$$

となり，$\boldsymbol{x}$ と $\boldsymbol{y}$ の内積を表す．

1次変換

$$\boldsymbol{x}'=A\boldsymbol{x} \tag{12}$$

が直交変換になるのは内積を変えないときであるが，

$${}^t\boldsymbol{x}'\boldsymbol{y}'={}^t(A\boldsymbol{x})A\boldsymbol{y}={}^t\boldsymbol{x}{}^tAA\boldsymbol{y}$$

だから，この条件 $(\boldsymbol{x}',\ \boldsymbol{y}')=(\boldsymbol{x},\ \boldsymbol{y})$ は，(11)により，

$${}^t\boldsymbol{x}{}^tAA\boldsymbol{y}={}^t\boldsymbol{x}\boldsymbol{y}={}^t\boldsymbol{x}E\boldsymbol{y} \tag{13}$$

と表される．$\boldsymbol{x}=\boldsymbol{e}_i$，$\boldsymbol{y}=\boldsymbol{e}_j$ のとき，(13)は ${}^tAA$ と E の $(i,\ j)$ 要素が等しいことを示すから，すべての $\boldsymbol{x}$，$\boldsymbol{y}$ について(12)が成り立つのは，

$${}^tAA=E \tag{14}$$

のときである．

結局，1次変換(12)が直交変換となる条件が(14)で与えられるので，(14)をみたす行列 A を**直交行列**という．(14)式に右から A^{-1} をかけ，次に左から A をかけると，

$${}^tA=A^{-1},\quad A{}^tA=E \tag{15}$$

が得られ，逆に，これらから(14)が導かれるので，(15)の各式も直交行列の条件になっている．A の列ベクトルを $\boldsymbol{u}_1$，$\boldsymbol{u}_2$．…，$\boldsymbol{u}_n$ とおくと，${}^tA$ の行ベクトルが ${}^t\boldsymbol{u}_1$，${}^t\boldsymbol{u}_2$，…，${}^t\boldsymbol{u}_n$ になるから，${}^tAA$ の $(i,\ j)$ 要素が ${}^t\boldsymbol{u}_i\boldsymbol{u}_j$ となる．よって，(14)は

$${}^t\boldsymbol{u}_i\boldsymbol{u}_j=\begin{cases}1 & (i=j)\\ 0 & (i\neq j)\end{cases}$$

と同値になる．これは，正規直交系の条件(10)と一致するから，次の関係が成り立つ．

「A が直交行列 $\Leftrightarrow$ 列ベクトル $\boldsymbol{u}_1$，$\boldsymbol{u}_2$，…，$\boldsymbol{u}_n$ が正規直交系」

平面ベクトルの直交変換は原点のまわりの回転，または原点を通る直線に関する対称移動になるから，2次の直交行列は，適当な θ により(3)または(1)の形に表される．

3．基底の変換と行列の対角化

平面ベクトルを成分表示するのに，**1．**では，直交座標系による点の座標を用いたので，座標変換の行列 T は直交行列(3)で与えられた．しかし，成分表示はこのような直交座標を用いないでもよい．実際，$\boldsymbol{u}_1$，$\boldsymbol{u}_2$ を平面上の1次独立なベクトルとすれば，その平面上のすべてのベクトルは，これらの1次結合として，一意的に

$$\boldsymbol{x}=X_1\boldsymbol{u}_1+X_2\boldsymbol{u}_2 \tag{16}$$

と表されるから，係数 X_1，X_2 を基底 $\boldsymbol{u}_1$，$\boldsymbol{u}_2$ に対する $\boldsymbol{x}$ の成分と呼ぼう．

そうすると，1次変換はこれらを成分にもつ数ベクトル $\boldsymbol{X}$ の対応を表す行列で表される．

$\boldsymbol{K}^n$ においても，1組の基底をとると，ベクトル $\boldsymbol{x}$ にこの基底による成分の作る数ベクトル $\boldsymbol{X}$ が対応する．この対応は，n 次の正則行列 T によって

$$\boldsymbol{x}=T\boldsymbol{X} \tag{17}$$

と表される．直交座標系の変換の場合と異なり，T は一般には直交行列ではないが，便宜上この場合も T を座標変換の行列と呼ぶことにする．座標変換（基底の変換）(17)によって，1次変換 $\boldsymbol{x}'=A\boldsymbol{x}$ が $\boldsymbol{X}'=B\boldsymbol{X}$ に変るならば，**1** で述べた説明と同様にして，

$$B=T^{-1}AT \tag{18}$$

が得られる．これを，A を T で**変換した行列**という．

逆に，適当な正則行列 T に対して (18) が成り立つとき，A と B は同じ1次変換を異なる基底で表したものと考えられる．このような2つの行列を同じ仲間とみて，A と B は**相似**であるという．

平面ベクトルの線対称移動による1次変換は，図1(i)の座標系を用いると対角行列で表された．このように，与えられた1次変換が対角行列で表されるような基底がとれる場合には，そのような座標変換によって，与えられた1次変換の性質が分りやすい形になる．基底 $\boldsymbol{u}_1$，$\boldsymbol{u}_2$ に対して，1次変換が対角行列により

$$\begin{pmatrix} X_1' \\ X_2' \end{pmatrix}=\begin{pmatrix} \lambda_1 & 0 \\ 0 & \lambda_2 \end{pmatrix}\begin{pmatrix} X_1 \\ X_2 \end{pmatrix}$$

と表されたとする．$X_1=1$，$X_2=0$ には $X_1'=\lambda_1$，$X_2'=0$ が対応するから，このベクトルは λ_1 倍になる．このとき，(16)から $\boldsymbol{x}=\boldsymbol{u}_1$ となり，$\boldsymbol{u}_1$ 方向のベクトルがこの1次変換で λ_1 倍になる．同様にして，$\boldsymbol{u}_2$ 方向のベクトルが λ_2 倍になる．$X_1=1$，$X_2=0$ のとき，平面ベクトルの場合の (17) の右辺は T の第1列の列ベクトルになるが，このとき $\boldsymbol{x}=\boldsymbol{u}_1$ となるから，T の第1列が $\boldsymbol{u}_1$ になる．同様にして，T の第2列が $\boldsymbol{u}_2$ となり，

$$T=(\boldsymbol{u}_1\ \boldsymbol{u}_2) \tag{19}$$

と表される．$\boldsymbol{R}^n$ の場合にも同様に，T は基底ベクトルを列ベクトルに並べて得られる．

n 次の正方行列 A に対して適当な正則行列 T を選んで，(18)で表される B を対角行列にすることを，行列 A を**対角化**すると言い，B を A の対角化という．また，このように，A に同値な対角行列 B が存在するとき，A は対角化可能であるという．

例1　$A=\begin{pmatrix}1 & 2\\ 1 & 0\end{pmatrix}$ のとき，$T=\begin{pmatrix}2 & -1\\ 1 & 1\end{pmatrix}$ とすると，

$$B=T^{-1}AT=\frac{1}{3}\begin{pmatrix}1 & 1\\ -1 & 2\end{pmatrix}\begin{pmatrix}1 & 2\\ 1 & 0\end{pmatrix}\begin{pmatrix}2 & -1\\ 1 & 1\end{pmatrix}$$

$$=\frac{1}{3}\begin{pmatrix}2 & 2\\ 1 & -2\end{pmatrix}\begin{pmatrix}2 & -1\\ 1 & 1\end{pmatrix}=\begin{pmatrix}2 & 0\\ 0 & -1\end{pmatrix}$$

これは，T の列ベクトル $\boldsymbol{u}_1=\begin{pmatrix}2\\ 1\end{pmatrix}$，$\boldsymbol{u}_2=\begin{pmatrix}-1\\ 1\end{pmatrix}$ を基底にとった座標変換をしたことに当る．B の対角要素から，A の表す1次変換によって，$\boldsymbol{u}_1$ は2倍され，$\boldsymbol{u}_2$ は-1倍つまり反対向きになることが分る．

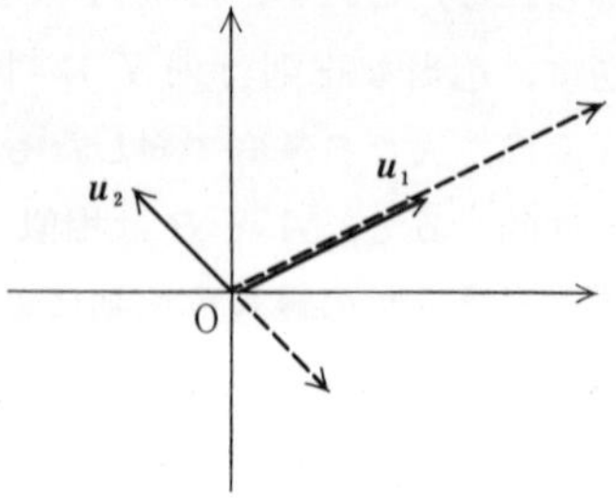

図6

4．固有値と固有ベクトル

与えられた正方行列を対角化するための基底を見つけるにはどうすればよいだろうか．例1では天下り的に T を与えたが，ここで T の見つけ方を考えることにする．簡単のため，平面ベクトルを対象としよう．

行列 A が，$\boldsymbol{u}_1$，$\boldsymbol{u}_2$ を基底にとった座標変換 $\boldsymbol{x}=T\boldsymbol{X}$ によって対角化され，

$$B=T^{-1}AT=\begin{pmatrix}\lambda_1 & 0\\ 0 & \lambda_2\end{pmatrix} \tag{20}$$

となったとする．(20)のはじめの等式に T を左からかけると $AT=TB$ となる．(19)式 $T=(\boldsymbol{u}_1\ \boldsymbol{u}_2)$ を両辺に代入すると，行列の積の作り方から，AT の

第1列は T の第1列 $\boldsymbol{u}_1$ を A にかけたもの，第2列は T の第2列 $\boldsymbol{u}_2$ を A にかけたものだから，$AT=(A\boldsymbol{u}_1\ A\boldsymbol{u}_2)$ と表される．

一方，右辺は $TB=(\boldsymbol{u}_1\ \boldsymbol{u}_2)\begin{pmatrix}\lambda_1 & 0\\ 0 & \lambda_2\end{pmatrix}=(\lambda\boldsymbol{u}_1\ \lambda\boldsymbol{u}_2)$ となるから，上の結果と比較すると，$(A\boldsymbol{u}_1\ A\boldsymbol{u}_2)=(\lambda_1\boldsymbol{u}_1\ \lambda_2\boldsymbol{u}_2)$．よって，

$$A\boldsymbol{u}_1=\lambda_1\boldsymbol{u}_1,\quad A\boldsymbol{u}_2=\lambda_2\boldsymbol{u}_2$$

となる．これは，基底 $\boldsymbol{u}_1$，$\boldsymbol{u}_2$ および B の対角要素 λ_1，λ_2 が，

$$A\boldsymbol{u}=\lambda\boldsymbol{u} \tag{21}$$

をみたすような $\boldsymbol{u}\neq\boldsymbol{0}$ と λ として求められることを表している．

まず，例1の行列 A について，(21)をみたす $\boldsymbol{u}\neq\boldsymbol{0}$ と λ を求めよう．

$\boldsymbol{u}=\begin{pmatrix}x\\ y\end{pmatrix}$ とおくと，

$$\begin{pmatrix}1 & 2\\ 1 & 0\end{pmatrix}\begin{pmatrix}x\\ y\end{pmatrix}=\lambda\begin{pmatrix}x\\ y\end{pmatrix}.\quad よって，\quad \begin{pmatrix}x+2y\\ x\end{pmatrix}=\begin{pmatrix}\lambda x\\ \lambda y\end{pmatrix}$$

成分を比較して整理すると，斉次連立1次方程式

$$\begin{cases}(1-\lambda)x+2y=0\\ \qquad x-\lambda y=0\end{cases} \tag{22}$$

が得られる．$\boldsymbol{u}\neq\boldsymbol{0}$ という条件から，(22)の自明でない解を求めなければならない．自明でない解をもつ条件は，消去の定理により，

$$\begin{vmatrix}1-\lambda & 2\\ 1 & -\lambda\end{vmatrix}=0$$

となり，これを計算すると，順次，

$$-\lambda(1-\lambda)-2=0,\quad \lambda^2-\lambda-2=0,$$

$$(\lambda-2)(\lambda+1)=0,\quad よって，\quad \lambda=2,\ -1$$

となる．これらの値を(22)に代入すれば，x，y の値が求められる．

$\lambda=2$ のとき，$-x+2y=0$，$x-2y=0$ という同値な式になるから，一方を解けばよい．解は無限にあるが，いまの目的のためには1組でよいから，$y=1$ とおくと，$x=2$．このとき，$\boldsymbol{u}_1=\begin{pmatrix}2\\ 1\end{pmatrix}$．$\lambda=2$ に対する一般の $\boldsymbol{u}$ は，0

でないスカラー c をかけて，$\boldsymbol{u}=c\begin{pmatrix}2\\1\end{pmatrix}$ と表される．

$\lambda=-1$ のときは，$x+y=0$ の1組の解として $x=-1$，$y=1$ をとると，$\boldsymbol{u}_2=\begin{pmatrix}-1\\1\end{pmatrix}$．これらの $\boldsymbol{u}_1$，$\boldsymbol{u}_2$ を用いると，例1の T が得られる．

この場合 $\boldsymbol{u}_1$，$\boldsymbol{u}_2$ のとり方を変えると T も変る．たとえば，上の T の代りに

$T=\begin{pmatrix}4 & 1\\2 & -1\end{pmatrix}$ としてもよい．このとき，$\lambda=2$ に対する解を第1列におく限り，同じ B が得られる．また，$\lambda=-1$ に対する解を第1列にすると，B の対角要素の順序が逆になる．

一般に，A が n 次の正方行列のとき，A の表す1次変換によってスカラー倍される（同じ直線上に移る）ベクトル $\boldsymbol{x}\neq\boldsymbol{0}$ は重要な役割をもつ．

$$A\boldsymbol{x}=\lambda\boldsymbol{x} \tag{23}$$

をみたすベクトル $\boldsymbol{x}\neq\boldsymbol{0}$ が存在するとき，λ を A の**固有値**といい，$\boldsymbol{x}$ をその固有値に対する**固有ベクトル**という．例1の行列 A に対していま求めた λ，$\boldsymbol{u}$ は，それぞれ A の固有値，固有ベクトルである．

n 次の正方行列 A の固有値，固有ベクトルも，2次の場合と同様にして求められる．$\lambda\boldsymbol{x}=\lambda E\boldsymbol{x}$ と書けるから，(23)から，

$$(A-\lambda E)\boldsymbol{x}=\boldsymbol{0} \tag{24}$$

これは n 元の斉次連立1次方程式だから，自明でない解 $\boldsymbol{x}\neq\boldsymbol{0}$ をもつ条件は，消去の定理により，係数の行列式が0となることで，

$$|A-\lambda E|=0 \tag{25}$$

と表される．これを A の**特性方程式**という．A の要素を慣用の記号で表すと，この方程式は

$$\begin{vmatrix} a_{11}-\lambda & a_{12} & \cdots & a_{1n}\\ a_{21} & a_{22}-\lambda & \cdots & a_{2n}\\ \vdots & \vdots & \ddots & \vdots\\ a_{n1} & a_{n2} & \cdots & a_{nn}-\lambda \end{vmatrix}=0 \tag{26}$$

となり，展開すると λ の n 次方程式であることが分る．左辺の λ^n の係数は

$(-1)^n$ だから，これを1にした，

$$\varphi_A(\lambda)=(-1)^n|A-\lambda E| \tag{27}$$

を，A の**固有多項式**という．

固有値 λ は特性方程式(25)から求められ，λ に対する固有ベクトルは(24)から求められる．(25)の解 λ が虚数の場合は，(24)をみたす実ベクトル $\boldsymbol{x}\neq\boldsymbol{0}$ は存在しないが，行列 A は複素数を成分にもつベクトルに作用すると考えることもできるので，(26)の虚数解も行列 A の固有値に含める．また，λ が重複解のとき，重複固有値という．

例2　$A=\begin{pmatrix}1&1&0\\2&1&2\\0&1&1\end{pmatrix}$ のとき，特性方程式を解くと，

$$\begin{vmatrix}1-\lambda&1&0\\2&1-\lambda&2\\0&1&1-\lambda\end{vmatrix}=0,\ (1-\lambda)^3-4(1-\lambda)=0,\ (\lambda+1)(\lambda-1)(\lambda-3)=0,$$

よって，$\lambda=-1,\ 1,\ 3.$

$\boldsymbol{x}$ の成分を $x,\ y,\ z$ とすると，(24)はこの場合

$$\begin{cases}(1-\lambda)x+y=0\\2x+(1-\lambda)y+2z=0\\y+(1-\lambda)z=0\end{cases}$$

となる．この式に λ の値を代入して解けば固有ベクトルが得られる．

$\lambda=-1$ のとき，

$$\begin{cases}2x+y=0 & ①\\2x+2y+2z=0 & ②\\y+2z=0 & ③\end{cases}$$

②は①＋③として得られるから，①，③を解けばよい．$x=1$ とおくと，①から $y=-2$．③から $z=1$．

よって，$\begin{pmatrix}1\\-2\\1\end{pmatrix}$ が固有値 -1 に対する1つの固有ベクトルで，一般の固有ベクトルはこのスカラー倍になる．同様にして，$\lambda=1,\ 3$ に対する固有

ベクトルを求めると，固有値は -1，1，3 で，それらに対する固有ベクトルは，それぞれ

$$\boldsymbol{x}_1=c_1\begin{pmatrix}1\\-2\\1\end{pmatrix},\quad \boldsymbol{x}_2=c_2\begin{pmatrix}1\\0\\-1\end{pmatrix},\quad \boldsymbol{x}_3=c_3\begin{pmatrix}1\\2\\1\end{pmatrix}$$

(c_1，c_2，c_3 は 0 でない定数)

となる．

また，このとき，$T=\begin{pmatrix}1&1&1\\-2&0&2\\1&-1&1\end{pmatrix}$ とおくと，

$$B=T^{-1}AT=\begin{pmatrix}-1&0&0\\0&1&0\\0&0&3\end{pmatrix}$$

と対角化される．

5．対角化できない行列

いままで例1，例2で扱った行列は，どちらもある正則行列 T によって対角化することができた．2次の場合に **4** で説明したように，T の列ベクトルは A の固有ベクトルになり，得られた対角行列 B の対角要素は，それらに対応する固有値になる．逆に，n 次の正方行列が1次独立な n 個の固有ベクトル $\boldsymbol{u}_1$，$\boldsymbol{u}_2$，…，$\boldsymbol{u}_n$ をもてば，それらを列ベクトルとして並べてできる n 次の正則行列 T によって A は対角化される．

それでは，対角化できない行列があるだろうか．n 次の正方行列 A の特性方程式(26)は n 次方程式だから，重複度まで考えれば n 個の解をもつ．λ が(25)の解ならば，消去の定理により(24)，したがって(23)が $\boldsymbol{0}$ でない解 $\boldsymbol{x}$ をもち，また，固有ベクトル $\boldsymbol{x}$ に対応する λ は(23)によって定まるから，異なる固有値には異なる固有ベクトルが対応する．特性方程式の解が n 個の異なる実数になれば，それらに対応する n 個の固有ベクトルは異なるだけでなく，実は1次独立になるので，この場合 A は対角化される．

そこで，A が対角化できない場合として次の 2 つが考えられる．

(I)　特性方程式が虚数解をもつため，実数解が重複度を含めても n 個ないとき

たとえば，平面ベクトルの 1 次変換で，原点のまわりの90度の回転を表す行列 $A=\begin{pmatrix} 0 & -1 \\ 1 & 0 \end{pmatrix}$ を考えよう．この回転で方向の変らないベクトルはないから固有ベクトルはなく，したがって対角化できないのは明らかである．しかし，この場合 $\varphi_A(\lambda)=\begin{vmatrix} -\lambda & -1 \\ 1 & -\lambda \end{vmatrix}=\lambda^2+1$ となるから，特性方程式は虚数解 $\pm i$ をもつ．よって，複素数を成分にもつベクトルの空間では固有ベクトルが存在し，A は対角行列 $B=\begin{pmatrix} i & 0 \\ 0 & -i \end{pmatrix}$ に相似になる．

(II)　特性方程式が r 重解をもち，その固有値に対応する固有ベクトルのうち 1 次独立なものが r 個ないとき

特性方程式の解がすべて異なる実数となることは，対角化可能のための十分条件であるが必要条件ではない．極端な例として，2 次以上の単位行列 E は，それ自身対角行列であるが，特性方程式の解は 1 だけである．

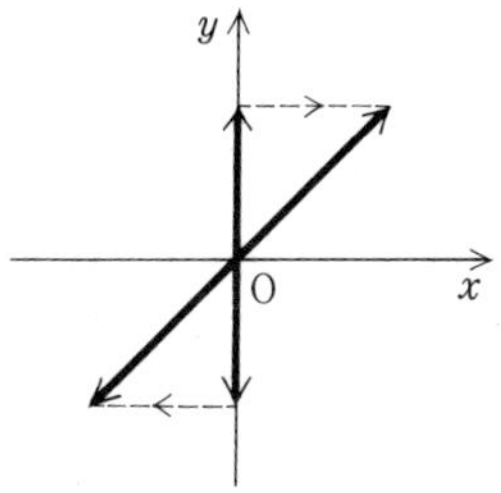

図 7

しかし，固有値がすべて実数でも対角化できない行列が実際にある．たとえば，$A=\begin{pmatrix} 1 & 1 \\ 0 & 1 \end{pmatrix}$ の表す 1 次変換では，x 軸方向のベクトルは不変だが，他はすべて先端が x 軸に平行に移動するから，1 次独立な固有ベクトルはただ 1 つで，A は対角化できない．2 次の正方行列で重複固有値 λ をもつものは，$\begin{pmatrix} \lambda & 0 \\ 0 & \lambda \end{pmatrix}$ 以外はすべて $C=\begin{pmatrix} \lambda & 1 \\ 0 & \lambda \end{pmatrix}$ に相似になる．したがって，2 次の正方行列の固有値が実数の場合，相似な行列の代表として，対角行列または C の形の行列をとることができる．

練習問題 9

(☞解答 181 ページ)

1．本文(1)式を用いて，図1の各座標系について直線 l に関する対称移動の行列を求めよ．

2．2次の正方行列 A，B がすべての平面ベクトル $\boldsymbol{x}$ に対して $A\boldsymbol{x}=B\boldsymbol{x}$ をみたすとき，$A=B$ を示せ．また，この結果を n 次の正方行列の場合に拡張せよ．

3．n 次元数ベクトルについても内積の分配法則

$$(\boldsymbol{x}+\boldsymbol{y},\ \boldsymbol{z})=(\boldsymbol{x},\ \boldsymbol{z})+(\boldsymbol{y},\ \boldsymbol{z})$$
$$(\boldsymbol{x},\ \boldsymbol{y}+\boldsymbol{z})=(\boldsymbol{x},\ \boldsymbol{y})+(\boldsymbol{x},\ \boldsymbol{z})$$

が成り立つことを示し，これを用いて，次の関係式を導け．

$$(\boldsymbol{x}_1,\ \boldsymbol{x}_2)=\frac{1}{2}(|\boldsymbol{x}_1|^2+|\boldsymbol{x}_2|^2-|\boldsymbol{x}_2-\boldsymbol{x}_1|^2)$$

4．次の(i)，(ii)は同値であることを示せ．

(i)　$l_1^2+l_2^2+l_3^2=m_1^2+m_2^2+m_3^2=n_1^2+n_2^2+n_3^2=1,$

$l_1m_1+l_2m_2+l_3m_3=l_1n_1+l_2n_2+l_3n_3=m_1n_1+m_2n_2+m_3n_3=0$

(ii)　$l_1^2+m_1^2+n_1^2=l_2^2+m_2^2+n_2^2=l_3^2+m_3^2+n_3^2=1,$

$l_1l_2+m_1m_2+n_1n_2=l_1l_3+m_1m_3+n_1n_3=l_2l_3+m_2m_3+n_2n_3=0$

5．$\boldsymbol{x}_1=\begin{pmatrix}1\\1\end{pmatrix}$，$\boldsymbol{x}_2=\begin{pmatrix}2\\-1\end{pmatrix}$ が行列 $A=\begin{pmatrix}4&2\\1&5\end{pmatrix}$ の固有ベクトルであることを確かめよ．また，次の各行列で A を変換して，対角化されることを示せ．

$$T_1=\begin{pmatrix}1&2\\1&-1\end{pmatrix},\quad T_2=\begin{pmatrix}1&-2\\1&1\end{pmatrix},\quad T_3=\begin{pmatrix}2&1\\-1&1\end{pmatrix}$$

6．次の行列の固有値と固有ベクトルを求めよ．

(1) $\begin{pmatrix}2&-4\\3&9\end{pmatrix}$　　(2) $\begin{pmatrix}2&3\\6&-5\end{pmatrix}$　　(3) $\begin{pmatrix}1&6&8\\3&-4&6\\2&-6&1\end{pmatrix}$

7．前問の各行列を対角化せよ．

8．次の行列の固有値を求めよ．また，これらの行列は平面上のどんな1次変換を表すかを調べよ．

(1) $\begin{pmatrix}1&-1\\-1&1\end{pmatrix}$　　(2) $\begin{pmatrix}1&-1\\1&1\end{pmatrix}$　　(3) $\begin{pmatrix}1&-1\\1&3\end{pmatrix}$

第10章　2 次 形 式

時には行列がひとりで歩く

1．1次変換からの脱皮

よく知られているように，抽象性は数学の1つの特性である．ひと頃用いられた「抽象代数」という言葉に象徴されるように，現代数学のある分野は特に抽象性が強いと思われているが，もともと，数にしても図形にしてもそれ自身抽象的な概念であり，それゆえに一般的で，広く応用されるのである．

数学上の新しい概念を導入しようとする場合，何か具体的なイメージがないと直観的にとらえにくいので，応用例を示し，その概念が生れた動機に触れるのが普通である．これは，新しい概念を言葉の上でなく実感的に理解し，その有用なことを認識するのに必要であり，有効である．しかし，1つの例にとらわれ過ぎると視野が狭くなり，かえって自由な応用のさまたげになることもある．

たとえば，定積分は関数のグラフに関係する平面図形の面積として説明されるが，面積との結びつきだけにとらわれ過ぎると，ベクトルの線積分や複素関数の積分の場合とまどうことになる．また，応用数学で重要なベッセル関数は，天文学における惑星の軌道に関するケプラーの問題を解くために研究されたが，現在これを応用する場合には，こういう歴史的過程を考える必要はない．

行列についても同じようなことが言える．いままで，行列はすべて1次変換を表すものとして，1次変換との関連においてその性質を調べて来たが，行列をより広い範囲で自由に使いこなすためには，1次変換という考えにとらわれず，単に，よく知られた加法，乗法，実数倍の演算が定義された数学的対象と考えた方がよい場合もある．

簡単のため，2次の正方行列

$$A=\begin{pmatrix} a_{11} & a_{12} \\ a_{21} & a_{22} \end{pmatrix} \tag{1}$$

について考えてみよう．2つの数の組が2個あるとき，それらを(x_1, x_2)，(x_1', x_2')として，第2の組の各要素と第1の組の各要素の対（つい）を作ると，4個の対ができる．いま，これらの各々に対してある実数が対応しているとき，それらを

対	$x_1'\cdot x_1$	$x_1'\cdot x_2$	$x_2'\cdot x_1$	$x_2'\cdot x_2$
実数	a_{11}	a_{12}	a_{21}	a_{22}

とすると，この関係は，表の形で

	x_1	x_2
x_1'	a_{11}	a_{12}
x_2'	a_{21}	a_{22}

と表されるから，(1)の行列Aによって定められることが分る．ここで，対$x_i'\cdot x_j$に対応する実数a_{ij}がx_i'をx_1，x_2の1次結合で表すときのx_jの係数ならば，Aはこれらの組をベクトルとみた場合の1次変換を表すことになる．しかし，この表のa_{ij}が全く別のものを表すと考えることもできる．

$$f=a_{11}x_1'x_1+a_{12}x_1'x_2+a_{21}x_2'x_1+a_{22}x_2'x_2 \tag{2}$$

という形の式があって，a_{ij}は対$x_i'\cdot x_j$を作る2数の積$x_i'x_j$の係数であると考えれば，(2)の式fを行列Aで表すこともできる．

たとえば，行列

$$A=\begin{pmatrix} 1 & 2 \\ 3 & 4 \end{pmatrix}$$

で，平面ベクトルの1次変換

$$\begin{cases} x_1' = \ \ x_1 + 2x_2 \\ x_2' = 3x_1 + 4x_2 \end{cases}$$

を表すことができるが，同じ行列 A を，

$$f = x_1'x_1 + 2x_1'x_2 + 3x_2'x_1 + 4x_2'x_2$$

という式を表すのに用いることもできる．もちろん，このような表現が意義をもつためには，その式の性質を調べるのに行列の性質を有効に利用できなければならない．

実際，(2)式には行列(1)が対応するだけでなく，(2)式自身が行列の積として，

$$f = (x_1' \quad x_2')\begin{pmatrix} a_{11} & a_{12} \\ a_{21} & a_{22} \end{pmatrix}\begin{pmatrix} x_1 \\ x_2 \end{pmatrix} \tag{3}$$

と表される．もっとも，右辺を計算すると，

$$\begin{aligned} f &= (x_1' \quad x_2')\begin{pmatrix} a_{11}x_1 + a_{12}x_2 \\ a_{21}x_1 + a_{22}x_2 \end{pmatrix} \\ &= (x_1'(a_{11}x_1 + a_{12}x_2) + x_2'(a_{21}x_1 + a_{22}x_2)) \\ &= (a_{11}x_1'x_1 + a_{12}x_1'x_2 + a_{21}x_2'x_1 + a_{22}x_2'x_2) \end{aligned} \tag{4}$$

となり，これは(2)の右辺の式をただ1つの要素にもつ1行1列の行列で，(2)の右辺自身ではない．しかし，1行1列の行列は要素がただ1つなので，これをその要素自身を表すものとみなすことができる．その意味で，(2)が(3)の形に表されるのであるが，こうすることにより，(2)式と行列(1)との関係が明瞭になる．

2．2次曲線の例

平面上の2次曲線

$$5x^2 - 6xy + 5y^2 = 8 \tag{5}$$

がどんな曲線になるかを調べてみよう．

左辺の真中の項がなければ円だし，左辺が真中の項だけなら直角双曲線だが，こんな形の式は見たことがないから分らないとあきらめてはいけない．本で調べるのも一策ではあるが，その前に自分でできる方法がいろいろあ

る．一番原始的な方法は，曲線の方程式とは何かと考えることで得られる．(5)式をみたす x，y を座標にもつ点全体の集合がこの曲線なのだから，このような点を沢山求めて座標平面上にとっていけば，求める曲線の概形が得られる．x に値を与えると(5)は y についての2次方程式になるから，これを解いて y の値を求めればよい．なあんだと笑うかもしれないが，見たことのない式だからと手をこまねいているよりは余程よい．

能率的に計算するには，(5)を y の方程式として解き，

$$y=\frac{3x\pm2\sqrt{10-4x^2}}{5}$$

としてから x に値を代入する方がよいが，この式の右辺を見ると $y=\frac{3}{5}x$ と $y=\pm\frac{2}{5}\sqrt{10-4x^2}$ の関数値の和になっている．後の式は $\frac{2}{5}x^2+\frac{5}{8}y^2=1$ となるから楕円を表し，前の式の表す直線との和を作れば求める曲線が得られる．

しかし，こういう方法では，曲線が楕円であるのに，その特徴である対称軸の位置が分らない．微分を使って曲率など調べるのも厄介だから，何かもっと適切な方法はないだろうか．

そこでもう一度(5)式を眺めると，幸い x と y についての対称式になっているから，グラフは x 軸と y 軸の2等分線に関して対称になるはずだ．それならば，その対称軸を座標軸とする座標系 $(X,\ Y)$ を用いてこの方程式を書き直してみよう．座標変換の行列は，

$$T=\begin{pmatrix}\cos\frac{\pi}{4} & -\sin\frac{\pi}{4}\\ \sin\frac{\pi}{4} & \cos\frac{\pi}{4}\end{pmatrix}$$

$$=\begin{pmatrix}\frac{1}{\sqrt{2}} & -\frac{1}{\sqrt{2}}\\ \frac{1}{\sqrt{2}} & \frac{1}{\sqrt{2}}\end{pmatrix} \qquad (6)$$

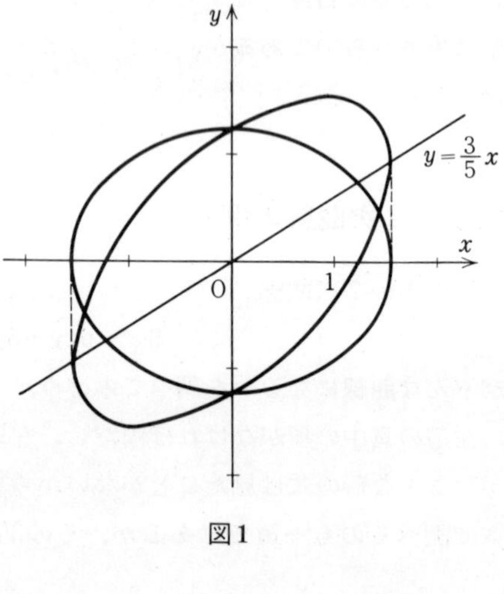

図1

となる．

$$\boldsymbol{x}=\begin{pmatrix} x \\ y \end{pmatrix},\quad \boldsymbol{X}=\begin{pmatrix} X \\ Y \end{pmatrix} \tag{7}$$

とおくと，これらの間の関係は

$$\boldsymbol{x}=T\boldsymbol{X} \tag{8}$$

と表されるから，

$$x=\frac{1}{\sqrt{2}}(X-Y),$$

$$y=\frac{1}{\sqrt{2}}(X+Y).$$

これらを(5)に代入して整理すると

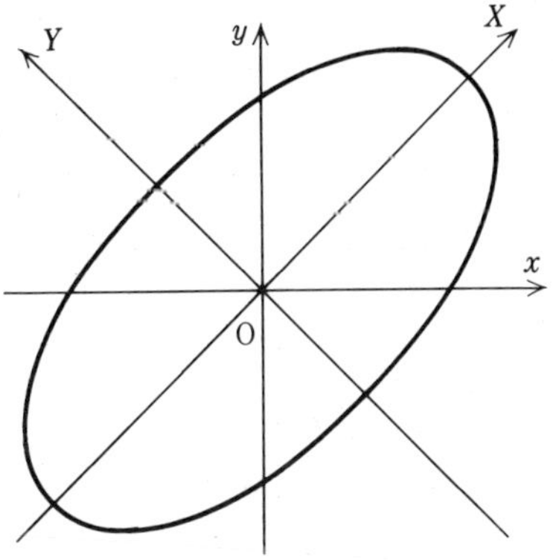

図2

$$2X^2+8Y^2=8 \tag{9}$$

となり，楕円の方程式の標準形

$$\frac{X^2}{4}+Y^2=1$$

に変換される．よって，グラフは図2で与えられる．

この例では，与えられた方程式が x，y の対称式だったから行列(6)による座標変換を施せばよかったが，x^2 と y^2 の係数が異なる場合はどうすればよいだろうか．これを考えるため，いまの例を別の表現で検討しよう．

3．2次形式と対称行列

(2)式において $x_1'=x_1=x$，$x_2'=x_2=y$ とおくと，

$$f=a_{11}x^2+(a_{12}+a_{21})xy+a_{22}y^2$$

となる．(5)式の左辺はこの形をしているから，(4)と同様な表現ができる．$a_{11}=5$，$a_{22}=5$，$a_{12}+a_{21}=-6$ とすればよいので，a_{12} と a_{21} の定め方は一通りではなく，0 と -6 でも，-1 と -5 でも，-2 と -4 でもよいが，後の都合から $a_{12}=a_{21}=-3$ と定めるのがよい．そのとき，

$$A=\begin{pmatrix} 5 & -3 \\ -3 & 5 \end{pmatrix} \tag{10}$$

となって，A の要素は主対角線に関して対称になるから，A は転置しても変らない．このように，

$$ {}^tA=A $$

となる行列を**対称行列**という．対称行列は固有値などについての性質が簡単で扱いやすい上，工学などでもよく出て来るので，理論上も応用上も重要である．

(5)式の左辺は x，y について 2 次の同次式になっている．このような 2 次の同次式を **2 次形式**という．

いまの例では，(4)の表現は

$$ f=5x^2-6xy+5y^2=(x\quad y)\begin{pmatrix}5 & -3\\ -3 & 5\end{pmatrix}\begin{pmatrix}x\\ y\end{pmatrix} $$

となる．(7)の $\boldsymbol{x}$ を行列とみて転置すると ${}^t\boldsymbol{x}=(x\quad y)$ になるから，この記号を用いて，

$$ f={}^t\boldsymbol{x}A\boldsymbol{x} \tag{11} $$

と表される．

一般に，n 個の文字についての 2 次形式は，同様にして n 次の対称行列で表される．

例 1

$$ f=x^2+5y^2-7z^2+6xy-4xz+2yz $$
$$ =(x\quad y\quad z)\begin{pmatrix}1 & 3 & -2\\ 3 & 5 & 1\\ -2 & 1 & -7\end{pmatrix}\begin{pmatrix}x\\ y\\ z\end{pmatrix} $$

ここで，前節の 2 次曲線の変換を行列で表してみよう．座標変換の式(8)を(11)に代入するとき，行列の積を転置する法則により ${}^t(T\boldsymbol{X})={}^t\boldsymbol{X}\,{}^tT$ となることに注意すると，

$$ f={}^t\boldsymbol{x}A\boldsymbol{x}={}^t(T\boldsymbol{X})AT\boldsymbol{X}={}^t\boldsymbol{X}\,{}^tTAT\boldsymbol{X} $$

ここで，

$$ B={}^tTAT \tag{12} $$

とおくと，

$$ f={}^t\boldsymbol{x}A\boldsymbol{x}={}^t\boldsymbol{X}B\boldsymbol{X} \tag{13} $$

と表される．(6)と(10)を(12)に代入して計算すると，

$$B=\frac{1}{\sqrt{2}}\begin{pmatrix}1 & 1\\ -1 & 1\end{pmatrix}\begin{pmatrix}5 & -3\\ -3 & 5\end{pmatrix}\times\frac{1}{\sqrt{2}}\begin{pmatrix}1 & -1\\ 1 & 1\end{pmatrix}$$

$$=\frac{1}{2}\begin{pmatrix}2 & 2\\ -8 & 8\end{pmatrix}\begin{pmatrix}1 & -1\\ 1 & 1\end{pmatrix}=\begin{pmatrix}2 & 0\\ 0 & 8\end{pmatrix} \tag{14}$$

よって，(13)から

$$f=(X \quad Y)\begin{pmatrix}2 & 0\\ 0 & 8\end{pmatrix}\begin{pmatrix}X\\ Y\end{pmatrix}=2X^2+8Y^2 \tag{15}$$

となり，(9)の左辺が得られる．

結局，2次形式を2乗の項だけから成る式に変換するには，座標変換の行列 T を適当に選んで，(12)式の B が対角行列になるようにすればよいことが分った．

この話は，1次変換の行列 A の座標変換による対角化と似た感じだが，あの場合は

$$B'=T^{-1}AT \tag{16}$$

を対角行列にしたのだから，違う問題である．

まず，(12)の B が対角行列になるのは，A が対称行列の場合に限る．実際，(12)から

$${}^tB={}^t({}^tTAT)={}^tT\,{}^tAT$$

となるが，対角行列はもちろん対称行列だから ${}^tB=B$，したがって，${}^tT\,{}^tAT={}^tTAT$．ここで，T が正則だから，左から ${}^tT^{-1}$，右から T^{-1} をかけると ${}^tA=A$ となり，A は対称行列でなければならない．また，(16)では，対角行列 B' の対角要素は行列 A の固有値で，T はそれらの固有値に対応する固有ベクトルを列ベクトルとする行列だが，(12)の対角要素は T のとり方によっていろいろの値をとり得る．ある T に対して(12)の B が対角行列になれば，任意の正則な対角行列 S に対して，T の代りに TS を用いても対角行列となるからである．たとえば，2次の場合，

$$B=\begin{pmatrix}b_1 & 0\\ 0 & b_2\end{pmatrix},\quad S=\begin{pmatrix}s_1 & 0\\ 0 & s_2\end{pmatrix}$$

とすると，

$$ {}^t(TS)A(TS) = {}^tS\,{}^tTATS = {}^tSBS = \begin{pmatrix} b_1s_1^2 & 0 \\ 0 & b_2s_2^2 \end{pmatrix} \qquad (17) $$

となる．したがって，(12)の B が対角行列になっても，その対角要素がどんな値かは T のとり方に関係し，A だけからは分らない．

ところが，(10)の行列 A の固有多項式は

$$ \varphi(\lambda) = \begin{vmatrix} 5-\lambda & -3 \\ -3 & 5-\lambda \end{vmatrix} = (5-\lambda)^2 - 9 = (\lambda-2)(\lambda-8) $$

となるから，固有値は2と8で，(14)の行列 B の対角要素に一致している．どうしてこうなるのだろうか．

実は，(12)の B が対角行列になるような正則行列 T は無限に多いのだが，ここで用いた(6)の T はその中の特殊なものである．ここで用いた座標変換は座標軸の回転だから，それを表す行列 T は直交行列で，

$$ {}^tT = T^{-1} \qquad (18) $$

となっている．この関係が成り立てば，(12)と(16)の右辺は一致するから B と B' が同じになり，1次変換の行列の対角化の場合と同じように，B の対角要素は A の固有値になり，T の列ベクトルは A の固有ベクトルになる．

逆に，列ベクトルが A の固有ベクトルから成る行列 T で直交行列になるものができれば，A を1次変換の行列とみて対角化したものが(12)の B と一致する．実際，A が対称行列ならばいつでもこのような直交行列 T を作ることができるので，次にそのことを述べよう．

4．対称行列の固有値と固有ベクトル

対称行列 A が与えられたとき，その固有ベクトルを列ベクトルにもつ直交行列 T を作ることを考えよう．まず，対称行列の固有値や固有ベクトルの特徴をみるため，簡単な例について，これらを求めてみよう．

例2　$A = \begin{pmatrix} 6 & 2 \\ 2 & 3 \end{pmatrix}$

$$ \varphi(\lambda) = \begin{vmatrix} 6-\lambda & 2 \\ 2 & 3-\lambda \end{vmatrix} = (6-\lambda)(3-\lambda) - 4 = \lambda^2 - 9\lambda + 14 $$

$$=(\lambda-2)(\lambda-7)$$

よって，固有値は $\lambda=2,\ 7$

$\lambda=2$ のとき，$2x+y=0$ の１つの解 $\boldsymbol{x}_1=\begin{pmatrix}1\\-2\end{pmatrix}$ をとると，固有ベクトルは $c_1\boldsymbol{x}_1$ となる．

$\lambda=7$ のとき，$-x+2y=0$ の１つの解 $\boldsymbol{x}_2=\begin{pmatrix}2\\1\end{pmatrix}$ をとると，固有ベクトルは $c_2\boldsymbol{x}_2$ となる．

例 3

$$A=\begin{pmatrix}1&-1&-1\\-1&1&-1\\-1&-1&1\end{pmatrix}$$

$$\varphi(\lambda)=-\begin{vmatrix}1-\lambda&-1&-1\\-1&1-\lambda&-1\\-1&-1&1-\lambda\end{vmatrix}\overset{\text{第1行+第2行+第3行}}{=}-\begin{vmatrix}-1-\lambda&-1-\lambda&-1-\lambda\\-1&1-\lambda&-1\\-1&-1&1-\lambda\end{vmatrix}$$

$$=(\lambda+1)\begin{vmatrix}1&1&1\\-1&1-\lambda&-1\\-1&-1&1-\lambda\end{vmatrix}\overset{\text{第2行+第1行，第3行+第1行}}{=}(\lambda+1)\begin{vmatrix}1&1&1\\0&2-\lambda&0\\0&0&2-\lambda\end{vmatrix}$$

$$=(\lambda+1)(\lambda-2)^2$$

よって，固有値は $\lambda=-1,\ 2$（２重固有値）

$\lambda=-1$ のとき，固有ベクトル $\boldsymbol{x}$ の成分は連立１次方程式

$$\begin{cases}2x-\ y-\ z=0\\-x+2y-\ z=0\\-x-\ y+2z=0\end{cases}$$

をみたすが，この方程式の係数行列のランク（階数）は２で，はじめの２つの

式から解が得られる．1つの解ベクトルとして $\boldsymbol{x}_1=\begin{pmatrix}1\\1\\1\end{pmatrix}$ をとると，一般の固有ベクトルは $c_1\boldsymbol{x}_1$ となる．

$\lambda=2$ のとき，3つの方程式が皆同じになり，

$$-x-y-z=0 \tag{19}$$

をみたせばよい．未知数が3個，係数行列のランクが1だから，解ベクトルのうち1次独立なものが2個あり，他はそれらの1次結合で表される．たとえば，2つの解

$$\boldsymbol{x}_2=\begin{pmatrix}1\\-1\\0\end{pmatrix},\qquad \boldsymbol{x}_3=\begin{pmatrix}1\\0\\-1\end{pmatrix}$$

をとると，固有値2に対する固有ベクトルの一般形は

$$\boldsymbol{x}=c_2\boldsymbol{x}_2+c_3\boldsymbol{x}_3 \tag{20}$$

となる．

さて，いまあげた2つの例の対称行列 A について，これらを対角化する直交行列 T を求めよう．

まず，例2の場合，$\boldsymbol{x}_1$ と $\boldsymbol{x}_2$ は，内積 $(\boldsymbol{x}_1,\ \boldsymbol{x}_2)=0$ となるから直交している．よって，それらを長さ $\sqrt{5}$ で割って単位ベクトル

$$\boldsymbol{u}_1=\frac{1}{\sqrt{5}}\begin{pmatrix}1\\-2\end{pmatrix},\qquad \boldsymbol{u}_2=\frac{1}{\sqrt{5}}\begin{pmatrix}2\\1\end{pmatrix}$$

にすれば，これらは互いに直交する単位固有ベクトルとなり，直交行列

$$T=\frac{1}{\sqrt{5}}\begin{pmatrix}1&2\\-2&1\end{pmatrix} \tag{21}$$

によって，A が対角化される．

例3の場合は少し面倒になる．$\boldsymbol{x}_1$ は $\boldsymbol{x}_2$，$\boldsymbol{x}_3$ のどちらとも直交しているが，$\boldsymbol{x}_2$ と $\boldsymbol{x}_3$ は内積が1になるから直交していない．まず，$\boldsymbol{x}_1$，$\boldsymbol{x}_2$ をそれぞれの長さで割って，

$$\boldsymbol{u}_1=\frac{1}{\sqrt{3}}\boldsymbol{x}_1,\qquad \boldsymbol{u}_2=\frac{1}{\sqrt{2}}\boldsymbol{x}_2$$

とすれば，これらは互いに直交する単位固有ベクトルになる．$\boldsymbol{x}_2$，$\boldsymbol{x}_3$ が $\boldsymbol{u}_1$ と直交しているから，固有ベクトル(20)はすべて $\boldsymbol{u}_1$ と直交している．そこで，(20)の中から $\boldsymbol{u}_2$ と直交するものを選んで $\boldsymbol{x}_3$ の代りにしよう．そのために，$c_3=1$ とし，$\boldsymbol{x}_2$ の代りに $\boldsymbol{u}_2$ を用いて

$$\boldsymbol{x}_3'=\boldsymbol{x}_3+k\boldsymbol{u}_2 \tag{22}$$

とおき，これが $\boldsymbol{u}_2$ と直交するような k を求めよう．$\boldsymbol{u}_2$ との内積を作ると，

$$(\boldsymbol{x}_3',\ \boldsymbol{u}_2)=(\boldsymbol{x}_3,\ \boldsymbol{u}_2)+k(\boldsymbol{u}_2,\ \boldsymbol{u}_2)$$

となり，ここで，$(\boldsymbol{x}_3',\ \boldsymbol{u}_2)=0$，$(\boldsymbol{u}_2,\ \boldsymbol{u}_2)=1$ を代入すると，

$$(\boldsymbol{x}_3,\ \boldsymbol{u}_2)+k=0,\quad k=-(\boldsymbol{x}_3,\ \boldsymbol{u}_2).$$

よって，(22)から，$\boldsymbol{u}_2$ と直交する固有ベクトル

$$\boldsymbol{x}_3'=\boldsymbol{x}_3-(\boldsymbol{x}_3,\ \boldsymbol{u}_2)\boldsymbol{u}_2 \tag{23}$$

が得られる．

$\boldsymbol{x}_3=\begin{pmatrix}1\\0\\-1\end{pmatrix}$，$\boldsymbol{u}_2=\dfrac{1}{\sqrt{2}}\begin{pmatrix}1\\-1\\0\end{pmatrix}$ から $\boldsymbol{x}_3'=\dfrac{1}{2}\begin{pmatrix}1\\1\\-2\end{pmatrix}$ となり，これを長さで割った $\boldsymbol{u}_3=\dfrac{1}{\sqrt{6}}\begin{pmatrix}1\\1\\-2\end{pmatrix}$ が求める第3の単位固有ベクトルになる．こうして，正規直交系をなす固有ベクトル $\boldsymbol{u}_1$，$\boldsymbol{u}_2$，$\boldsymbol{u}_3$ が得られたから，これらを列ベクトルとする行列

$$T=\begin{pmatrix}\dfrac{1}{\sqrt{3}} & \dfrac{1}{\sqrt{2}} & \dfrac{1}{\sqrt{6}}\\[2mm] \dfrac{1}{\sqrt{3}} & -\dfrac{1}{\sqrt{2}} & \dfrac{1}{\sqrt{6}}\\[2mm] \dfrac{1}{\sqrt{3}} & 0 & -\dfrac{2}{\sqrt{6}}\end{pmatrix} \tag{24}$$

が，A を対角化する直交行列になる．

この2つの例の場合，どちらも対称行列 A を対角化する直交行列 T を作ることができたが，これは決して偶然ではない．一般に A が n 次の対称行列の場合，いつでもこのような直交行列 T を作ることができるのである．それは，対称行列の次のような著しい特性に基づいている．

対称行列の特性

(I)　対称行列の特性方程式の解はすべて実数である．したがって，n 次の対称行列は，重複度を考慮すれば，n 個の実数の固有値をもつ．

(II)　対称行列の異なる固有値に対応する固有ベクトルは互いに直交する．

(III)　対称行列の k 重固有値に対応する固有ベクトルの全体は k 次元の部分空間を作る．したがって，その中から互いに直交する k 個の単位固有ベクトルをとることができる．

上にあげた2つの例について，T を求める過程でこれらの特性が用いられていることをもう一度確かめて欲しい．

5．2次形式の標準形

2次形式と対称行列との対応において，例2の対称行列 A は2次形式

$$f=6x^2+4xy+3y^2$$

に対応する．A が(21)の直交行列 T による変換で対角化され，固有値を対角要素とする行列 $B=\begin{pmatrix}2 & 0\\ 0 & 7\end{pmatrix}$ になることは，座標変換

$$\begin{pmatrix}x\\ y\end{pmatrix}=\frac{1}{\sqrt{5}}\begin{pmatrix}1 & 2\\ -2 & 1\end{pmatrix}\begin{pmatrix}X\\ Y\end{pmatrix}$$

により，f が

$$ {}^t\boldsymbol{X}B\boldsymbol{X}=(X\quad Y)\begin{pmatrix}2 & 0\\ 0 & 7\end{pmatrix}\begin{pmatrix}X\\ Y\end{pmatrix}=2X^2+7Y^2 \tag{25}$$

に変換されることに対応する．

同様に，例3の対称行列に対応する2次形式

$$f=x^2+y^2+z^2-2xy-2xz-2yz$$

は，(24)の直交行列 T の表す座標変換で，変数の2乗の項だけから成る2次形式

$$f=-X^2+2Y^2+2Z^2 \tag{26}$$

に変換され，係数は行列 A の固有値になる．(25)，(26)のような式を，直交変換に関する**2次形式の標準形**と呼ぼう．一般に，n 個の文字に関する2次形

式には n 次の対称行列 A が対応し，互いに直交する A の単位固有ベクトルを列ベクトルとする直交行列 T による変換で，A の固有値を係数とする標準形

$$\lambda_1 X_1^2+\lambda_2 X_2^2+\cdots+\lambda_n X_n^2 \tag{27}$$

に変換される．その際，新しい座標軸の方向は，T の列ベクトルである A の固有ベクトルの方向に一致する．

変換の行列 T を直交行列に限らなければ，対角行列 A，したがって，2次形式 f を別の形に変形できる．たとえば，例2の場合 $\frac{1}{\sqrt{2}}$，$\frac{1}{\sqrt{7}}$ を対角要素にもつ対角行列を S として，T の代りに正則行列

$$T'=TS=\frac{1}{\sqrt{5}}\begin{pmatrix}1 & 2\\ -2 & 1\end{pmatrix}\begin{pmatrix}\frac{1}{\sqrt{2}} & 0\\ 0 & \frac{1}{\sqrt{7}}\end{pmatrix}=\begin{pmatrix}\frac{1}{\sqrt{10}} & \frac{2}{\sqrt{35}}\\ -\frac{2}{\sqrt{10}} & \frac{1}{\sqrt{35}}\end{pmatrix}$$

を用いて変換すれば，(17)から分るように，A が2次の単位行列になり，したがって，2次形式は X^2+Y^2 になる．

例3の場合には，

$$S=\begin{pmatrix}1 & 0 & 0\\ 0 & \frac{1}{\sqrt{2}} & 0\\ 0 & 0 & \frac{1}{\sqrt{2}}\end{pmatrix},\quad R=\begin{pmatrix}0 & 0 & 1\\ 1 & 0 & 0\\ 0 & 1 & 0\end{pmatrix}$$

として，T の代りに $T'=TSR$ を用いると，行列 A は $\begin{pmatrix}1 & 0 & 0\\ 0 & 1 & 0\\ 0 & 0 & -1\end{pmatrix}$ に変換されるから，2次形式は $X^2+Y^2-Z^2$ になる．

n 個の文字の場合には，適当な正則行列 T' を用いて，(27)の代りに，

$$X_1^2+\cdots+X_p^2-X_{p+1}^2-\cdots-X_{p+q}^2 \tag{28}$$

の形に変換できる．ここで，p と q は T' のとり方に関係なく，行列 A によって定まり，$p+q=\mathrm{rank}\,A$ となる．(28)を正則変換に関する2次形式の標準形という．

練習問題10

(☞解答 181 ページ)

1．曲線 $x^2+y^2+2hxy=1$ を，本文(8)式の変換によって X，Y の方程式で表し，h の値によって，これがどんな曲線になるかを調べよ．

2．${}^tA=-A$ となる行列 A を**交代行列**という．

(1)　2次の交代行列の一般形を求めよ．

(2)　$A=\begin{pmatrix} 3 & 7 \\ 1 & 2 \end{pmatrix}$ を対称行列と交代行列の和で表せ．

(3)　すべての正方行列は対称行列と交代行列の和で表されることを示せ．

3．A，B が同じ次数の対称行列のとき，次の命題は正しいか．

(1)　A と B の1次結合もまた対称行列である．

(2)　積 AB も対称行列である．

(3)　A の逆行列が存在すれば，A^{-1} も対称行列である．

4．次の2次形式を対称行列を用いて表せ．

(1)　$3x^2-8xy+4y^2$

(2)　$5x^2+2y^2+4z^2+4xy-2xz+6yz$

5．次の対称行列を直交行列によって対角化せよ．

(1)　$\begin{pmatrix} 4 & 3 \\ 3 & 4 \end{pmatrix}$　　(2)　$\begin{pmatrix} 5 & 6 \\ 6 & -4 \end{pmatrix}$　　(3)　$\begin{pmatrix} 4 & 6 \\ 6 & 9 \end{pmatrix}$

(4)　$\begin{pmatrix} 3 & 1 & 2 \\ 1 & 4 & 1 \\ 2 & 1 & 3 \end{pmatrix}$　　(5)　$\begin{pmatrix} 1 & -2 & 2 \\ -2 & 1 & -2 \\ 2 & -2 & 1 \end{pmatrix}$

6．前問の結果を利用して，次の2次形式を直交変換による標準形になおせ．

(1)　$4x^2+6xy+4y^2$　　(2)　$5x^2+12xy-4y^2$

(3)　$4x^2+12xy+9y^2$　　(4)　$3x^2+4y^2+3z^2+2xy+4xz+2yz$

(5)　$x^2+y^2+z^2-4xy+4xz-4yz$

7．前問の2次形式を正則変換による標準形になおせ．

8．座標変換によって，次の2次曲線を標準形に導き，グラフをかけ．

(1)　$5x^2+4xy+8y^2=36$

(2)　$3x^2-4xy+4=0$

9．x，y，z が $x^2+y^2+z^2=1$ をみたす実数全体を動くとき，第6問(4)，(5)の2次形式の最大値と最小値を求めよ．

第11章　基本性質の証明

基本の証明ソロソロ行こう

1．急がばまわれ

数学にはいろいろ美しい理論があるが，線形代数の理論もすっきりしていて，そのためかえって味気なく感じることさえあるくらいだ．そうは言っても，ベクトルの1次独立性，行列のランク（階数），固有値と対角化の理論などには証明の面倒な部分があって，計算だけに慣れている人にはつまずきのもとになるようだ．「幾何学に王道なし」で，エジプト王さえ理解の早道を求めることはできなかったのだが，証明の発見や方法について書いた本はかなり多い．

ソロー博士の本*) もその一つで，証明問題に慣れていない人が証明を考えるための糸口を見つける方法と，証明の進め方について考察し，本に書いてある証明を読む場合にも，そのような意識をもって読むことを勧めている．ソロー博士の方法は2つの要素から成り立っている．1つは，証明の各段階で証明すべき事柄を抽象的にとらえて，そのためにどうすればよいかを一般的に考え，仮定から推論した結果をにらみながら，いま考えている具体的な場合にあてはめてゆく方法で，**前進後退法**と呼ばれる．もう1つは，いろいろの証明技法を分類し，その進め方と，どの技法を適用すべきかの判断のしかたについての考察である．こちらはどんなものか想像できると思うので，前進後退法の考え方を少し説明しよう．

たとえば，平行四辺形の対角線が互いに他を2等分することを証明する場

---

*) Daniel Solow 著，安藤四郎他訳「証明の読み方・考え方」共立出版

合，図1についていえば，

仮定：四角形 ABCD が平行四辺形

結論：OA＝OC，OB＝OD

だから，まず，抽象的に，

2つの線分が等しいことを示すには

どうすればよいか

と考える．答の1つは，

合同な2つの三角形の対応辺になっていることを示せばよい

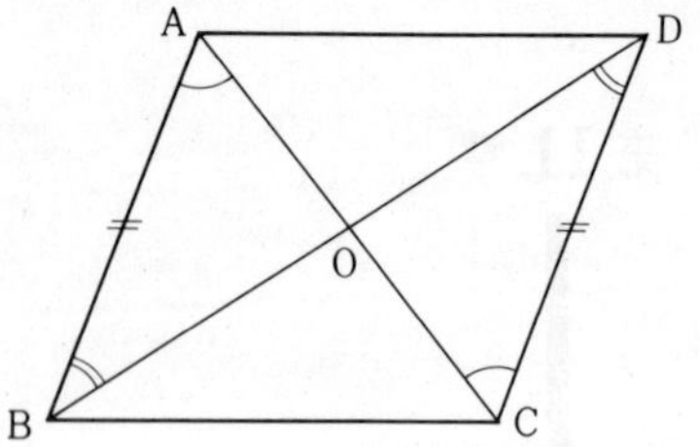

図1

となる．この場合に当てはめれば，△OAB≡△OCD を示すことになる．そこで次に，

2つの三角形が合同なことを示すにはどうすればよいか

と考える．その答としては，三角形の合同条件

(i)　1辺と両端の角が等しい　　(ii)　2辺とその間の角が等しい

(iii)　3辺が等しい

などが頭に浮ぶが，(ii)，(iii)は証明すべき結論を使うことになるからこの場合には使えない．そこで(i)をこの場合にあてはめると，図1に示した角と辺が等しいことを示すことになる．ここまでは後退過程で，ここで仮定に戻って前進過程に移る．AB∥CD だから2組の対応する角が等しいことが分る．残りの AB＝CD は平行四辺形の性質として既知であろうが，もしまだ分っていないとすれば，再び後退過程に戻って前と同じように考えればよい，今度は△ABC≡△CDA を示すことになる．辺 AC が共通だから，仮定から合同条件(i)がみたされ，証明が完了する．

このような方法はまわりくどいと思うかもしれないが，どこから手をつけてよいか分らずに眺めているよりはかえって早い．もちろん，すべての証明が必然的に導かれるような考え方などあるはずはないが，この方法は，定義から容易に導かれるような基本性質の証明には特に有効である．「理屈と膏薬はどこにでもつく」という諺は，建前と本音を使い分ける日本人の悪い面を代表するようで好きではないが，証明を完成する過程は複雑で，偶然発見した考え方も，後から考えると極めて自然な説明のつく場合もある．そういう場合でも，そのような説明は読む人の理解の助けにはなる．そこで，線形代数の重要な概念の復習を兼ねて，いくつかの定理の証明をソロー博士の流儀で扱ってみることにする．

2．$\boldsymbol{R}^n$ の標準基底

まず，例として簡単な証明問題から始めよう．n 次元数ベクトルの空間 $\boldsymbol{R}^n$ において，基本ベクトル

$$\boldsymbol{e}_1=\begin{pmatrix}1\\0\\\vdots\\0\end{pmatrix},\quad \boldsymbol{e}_2=\begin{pmatrix}0\\1\\0\\\vdots\end{pmatrix},\quad \cdots,\quad \boldsymbol{e}_n=\begin{pmatrix}0\\\vdots\\0\\1\end{pmatrix} \tag{1}$$

は1組の基底であることを証明する．

n 個のベクトル(1)が $\boldsymbol{R}^n$ の基底になることを証明するのだから，いくつかのベクトルがあるベクトル空間の基底であることを示すにはどうすればよいかを考える．基底であるための十分条件が分っていれば使えるが，概念を導入したばかりの段階では定義をまず考えてみるのがよい．

そこで，基底の定義：

$$\boldsymbol{a}_1,\ \boldsymbol{a}_2,\ \cdots,\ \boldsymbol{a}_n \text{ が } V \text{ の基底} \quad \Leftrightarrow \quad \begin{cases}\text{(i)} & V=[\boldsymbol{a}_1,\ \boldsymbol{a}_2,\ \cdots,\ \boldsymbol{a}_n] \\ \text{(ii)} & \boldsymbol{a}_1,\ \boldsymbol{a}_2,\ \cdots,\ \boldsymbol{a}_n \text{ が1次独立}\end{cases} \tag{2}$$

を思い出そう．(i)はいまの場合

$$\boldsymbol{R}^n=[\boldsymbol{e}_1,\ \boldsymbol{e}_2,\ \cdots,\ \boldsymbol{e}_n] \tag{3}$$

となり，$\boldsymbol{R}^n$ 全体が n 個のベクトル $\boldsymbol{e}_1$，$\boldsymbol{e}_2$，$\cdots$，$\boldsymbol{e}_n$ で張られることを意味する．これを証明するにはどうすればよいだろうか．一般に，ある線形空間が与えられたいくつかのベクトルで張られることを示すには，定義に戻って考えると，その空間のすべてのベクトルがそれらのベクトルの1次結合になることを示せばよい．この例では，$\boldsymbol{R}^n$ のすべてのベクトルが $\boldsymbol{e}_1$，$\boldsymbol{e}_2$，$\cdots$，$\boldsymbol{e}_n$ の1次結合になることを言うのだが，「すべての…」といった形で表される証明問題に慣れていないため，どこから手をつけてよいか分らない人がいるかもしれない．ソロー博士は，「すべての…」についてある性質が成り立つ

ことを証明するときにはまずその中の1つを抽出し，抽出したものについてその性質を証明すればよいと教える．ただし，抽出したものは特定のものとはなるが，特殊なものであってはならない．言い換えれば，$\boldsymbol{R}^n$ から1つのベクトル

$$\boldsymbol{x}=\begin{pmatrix} x_1 \\ x_2 \\ \vdots \\ x_n \end{pmatrix}$$

をとり出す場合，とり出した $\boldsymbol{x}$ については，$\boldsymbol{R}^n$ に属するということ以外は使ってはいけないということである．さて，この $\boldsymbol{x}$ が $\boldsymbol{e}_1$, $\boldsymbol{e}_2$, …, $\boldsymbol{e}_n$ の1次結合で表されることを示すには，実際にそのように表して見せればよい．

$$\boldsymbol{x}=x_1\boldsymbol{e}_1+x_2\boldsymbol{e}_2+\cdots+x_n\boldsymbol{e}_n \tag{4}$$

と表されることがすぐ分ればよいが，分らなければ，

$$\boldsymbol{x}=k_1\boldsymbol{e}_1+k_2\boldsymbol{e}_2+\cdots+k_n\boldsymbol{e}_n \tag{5}$$

と表すには，係数 k_1, k_2, …, k_n をどう定めればよいか考える．両辺を成分で表すと，

$$\begin{pmatrix} x_1 \\ x_2 \\ \vdots \\ x_n \end{pmatrix}=k_1\begin{pmatrix} 1 \\ 0 \\ \vdots \\ 0 \end{pmatrix}+k_2\begin{pmatrix} 0 \\ 1 \\ 0 \\ \vdots \end{pmatrix}+\cdots+k_n\begin{pmatrix} 0 \\ \vdots \\ 0 \\ 1 \end{pmatrix}=\begin{pmatrix} k_1 \\ k_2 \\ \vdots \\ k_n \end{pmatrix} \tag{6}$$

となり，2つの数ベクトルが等しいとは，それらの対応成分がすべて等しいことと定められているから，

$$k_1=x_1,\ \ k_2=x_2,\ \ \cdots,\ \ k_n=x_n$$

が求める係数で，(4)の表現が得られる．これで(3)が証明された．

次に，(2)のもう1つの条件(ii)に対応して，$\boldsymbol{e}_1$, $\boldsymbol{e}_2$, …, $\boldsymbol{e}_n$ が1次独立であることを示さなければならない．そのため，一般に，いくつかのベクトルが1次独立であることを示すにはどうすればよいか考えよう．定義を振り返ると，

$$\boldsymbol{a}_1,\ \boldsymbol{a}_2,\ \cdots,\ \boldsymbol{a}_n \text{ が1次独立} \iff \begin{array}{l} k_1\boldsymbol{a}_1+k_2\boldsymbol{a}_2+\cdots+k_n\boldsymbol{a}_n=\boldsymbol{0} \\ \text{ならば } k_1=k_2=\cdots=k_n=0 \end{array}$$

だから，いまの場合，証明すべきことは

$$k_1\boldsymbol{e}_1+k_2\boldsymbol{e}_2+\cdots+k_n\boldsymbol{e}_n=\boldsymbol{0} \quad \text{ならば} \quad k_1=k_2=\cdots=k_n=0$$

である．これを証明する場合には，仮定が成り立ったとして，そこから結論 $k_1=k_2=\cdots=k_n=0$ を導けばよい．

$$k_1\boldsymbol{e}_1+k_2\boldsymbol{e}_2+\cdots+k_n\boldsymbol{e}_n=\boldsymbol{0}$$

が成り立ったとするとき，両辺を成分で表すと，(6)と同様にして，

$$\begin{pmatrix} k_1 \\ k_2 \\ \vdots \\ k_n \end{pmatrix}=\begin{pmatrix} 0 \\ 0 \\ \vdots \\ 0 \end{pmatrix}$$

から $k_1=k_2=\cdots=k_n=0$ が得られ，証明が完了する．

ずい分長くなったが，全部このようにやりなさいというのではなく，証明に行きづまったり，書いてある証明を読んで意図が分らなかったらこのように考えてみることを勧めるのです．まとめとして，このような思考過程で得た証明を，普通の書き方で書いておこう．

〔証明〕 $\boldsymbol{x}\in\boldsymbol{R}^n$ とすると，

$$\boldsymbol{x}=\begin{pmatrix} x_1 \\ x_2 \\ \vdots \\ x_n \end{pmatrix}=x_1\boldsymbol{e}_1+x_2\boldsymbol{e}_2+\cdots+x_n\boldsymbol{e}_n$$

よって，$\boldsymbol{R}_n=[\boldsymbol{e}_1,\ \boldsymbol{e}_2,\ \cdots,\ \boldsymbol{e}_n]$．また，

$$k_1\boldsymbol{e}_1+k_2\boldsymbol{e}_2+\cdots+k_n\boldsymbol{e}_n=\boldsymbol{0}$$

とすると，

$$\begin{pmatrix} k_1 \\ k_2 \\ \vdots \\ k_n \end{pmatrix}=\begin{pmatrix} 0 \\ 0 \\ \vdots \\ 0 \end{pmatrix}$$

となるから $k_1=k_2=\cdots=k_n=0$．よって，$\boldsymbol{e}_1$，$\boldsymbol{e}_2$，$\cdots$，$\boldsymbol{e}_n$ は1次独立，したがって，$\boldsymbol{R}^n$ の基底である．

3．次元の定義

線形空間 V の次元を定義するのに，「n 個のベクトルから成る基底をもつとき V は n 次元であるという」としてよいのは，どの基底も同じ個数のベクトルから成るという事実に基づいている．このことを証明するには，V の2組の基底 $\boldsymbol{a}_1$，$\boldsymbol{a}_2$，…，$\boldsymbol{a}_n$ および $\boldsymbol{b}_1$，$\boldsymbol{b}_2$，…，$\boldsymbol{b}_m$ について，$n \neq m$ と仮定して矛盾を導けばよい．n と m はどちらが大きい場合も証明は同様だから，$n<m$ と仮定しよう．そのとき，$\boldsymbol{a}_1$，$\boldsymbol{a}_2$，…，$\boldsymbol{a}_n$ が基底ならば $\boldsymbol{b}_1$，$\boldsymbol{b}_2$，…，$\boldsymbol{b}_m$ は基底でないと言えれば，2組の基底をとったことに反するので証明が完了する．与えられたベクトルが基底でないことを示すにはどうすればよいか．基底の定義(2)から，それらが V を張らないかまたはそれらが1次従属になると言えればよい．V を張らないことは主張できないから，問題は次の命題の証明に帰着される．

「$\boldsymbol{a}_1$，$\boldsymbol{a}_2$，…，$\boldsymbol{a}_n$ が V の基底で，$n<m$ ならば，V の m 個のベクトル $\boldsymbol{b}_1$，$\boldsymbol{b}_2$，…，$\boldsymbol{b}_m$ は1次従属である．」

1次従属であることを証明するためには，

$$k_1\boldsymbol{b}_1+k_2\boldsymbol{b}_2+\cdots+k_m\boldsymbol{b}_m=\boldsymbol{0} \tag{7}$$

をみたす k_1，k_2，…，k_m が，少なくとも1つ0でないようにとれることを示せばよいが，このままでは手掛りがない．そこで，はじめの条件に戻って $V=[\boldsymbol{a}_1,\ \boldsymbol{a}_2,\ \cdots,\ \boldsymbol{a}_n]$ に注目すると，$\boldsymbol{b}_1$，$\boldsymbol{b}_2$，…，$\boldsymbol{b}_m$ は V に入っているから，

$$\begin{cases} \boldsymbol{b}_1=c_{11}\boldsymbol{a}_1+c_{12}\boldsymbol{a}_2+\cdots+c_{1n}\boldsymbol{a}_n \\ \boldsymbol{b}_2=c_{21}\boldsymbol{a}_1+c_{22}\boldsymbol{a}_2+\cdots+c_{2n}\boldsymbol{a}_n \\ \qquad\cdots\quad\cdots\quad\cdots\quad\cdots \\ \boldsymbol{b}_m=c_{m1}\boldsymbol{a}_1+c_{m2}\boldsymbol{a}_2+\cdots+c_{mn}\boldsymbol{a}_n \end{cases} \tag{8}$$

と表される．これらの式を(7)の左辺に代入して整理すると，(8)の各式の右辺に上から順に k_1，k_2，…，k_m をかけて加えたものになるから，$\boldsymbol{a}_i$ の係数は $c_{1i}k_1+c_{2i}k_2+\cdots+c_{mi}k_m$ となる．(7)が成り立つためには，これらを0とおいた

$$\begin{cases} c_{11}k_1+c_{21}k_2+\cdots+c_{m1}k_m=0 \\ c_{12}k_1+c_{22}k_2+\cdots+c_{m2}k_m=0 \\ \quad\cdots\quad\cdots\quad\cdots\quad\cdots \\ c_{1n}k_1+c_{2n}k_2+\cdots+c_{mn}k_m=0 \end{cases} \tag{9}$$

がみたされればよい．この条件を k_1，k_2，…，k_m についての斉次連立１次方程式とみるとき，$n<m$ という仮定から未知数の数が式の数よりも多い．一般に，

「未知数の数が式の数より多い斉次連立１次方程式は自明でない解をもつ」

ということが成り立つので，(9)は自明でない解をもち，証明が完了する．

最後に用いたことは消去の定理の証明からも分るが，(9)の n 個の式に，自明な関係

$$0k_1+0k_2+\cdots+0k_m=0$$

を $m-n$ 個形式的につけ加えて，式の数を m 個にしたものに消去の定理を適用しても得られる．このとき，係数の行列式は，最後の $m-n$ 個の行の要素がすべて０になるので，値が０になる．

4．行列のランクの性質

$m\times n$ 行列 A において，r 次の小行列式の中に値が０でないものがあり，$r+1$ 次以上の小行列式の値がすべて０になるとき，A のランク(階数)は r であると定義した．このとき，m 個の行ベクトルの張る線形空間の次元も，n 個の列ベクトルの張る線形空間の次元も共にランク r に等しくなるというのが重要な結果である．このことを実感としてとらえるには，もう少し詳しい関係で表した方がよい．

rank $A=r$ とし，値が０でないような r 次の小行列式の１つを $\varDelta$ とすると，$\varDelta$ の行を含む A の r 個の行ベクトルが A の行ベクトル全体の張る空間の１組の基底になり，$\varDelta$ の列を含む r 個の列ベクトルが列ベクトル全体の張る空間の基底になっているのである．

たとえば，3×4 行列

$$A=\begin{pmatrix} a_{11} & a_{12} & a_{13} & a_{14} \\ a_{21} & a_{22} & a_{23} & a_{24} \\ a_{31} & a_{32} & a_{33} & a_{34} \end{pmatrix} \tag{10}$$

のランクが 2 で，$\varDelta=\begin{vmatrix} a_{11} & a_{12} \\ a_{21} & a_{22} \end{vmatrix} \neq 0$ とする．このとき，A の列ベクトルを $\boldsymbol{a}_1$，$\boldsymbol{a}_2$，$\boldsymbol{a}_3$，$\boldsymbol{a}_4$ とし，それらの張る空間を $V=[\boldsymbol{a}_1,\ \boldsymbol{a}_2,\ \boldsymbol{a}_3,\ \boldsymbol{a}_4]$ とすると，$\boldsymbol{a}_1$，$\boldsymbol{a}_2$ が V の 1 組の基底になる．このことを証明してみよう．

基底の定義から，証明すべきことは次の 2 つである．

(i)　$V=[\boldsymbol{a}_1,\ \boldsymbol{a}_2]$　　(ii)　$\boldsymbol{a}_1$ と $\boldsymbol{a}_2$ は 1 次独立

まず，(i)は V のすべてのベクトルが $\boldsymbol{a}_1$，$\boldsymbol{a}_2$ の 1 次結合になるということだから，$\boldsymbol{x}\in V$ として，この $\boldsymbol{x}$ を $\boldsymbol{a}_1$，$\boldsymbol{a}_2$ の 1 次結合で，

$$\boldsymbol{x}=k_1\boldsymbol{a}_1+k_2\boldsymbol{a}_2 \tag{11}$$

と表すことができればよい．V の定め方から，

$$\boldsymbol{x}=h_1\boldsymbol{a}_1+h_2\boldsymbol{a}_2+h_3\boldsymbol{a}_3+h_4\boldsymbol{a}_4 \tag{12}$$

と表される．これを(11)の形に直すには，$\boldsymbol{a}_3$，$\boldsymbol{a}_4$ を $\boldsymbol{a}_1$，$\boldsymbol{a}_2$ で表せばよいが，これらも V に入っているから，すべての V の元が(11)の形になるためには，

$$\boldsymbol{a}_3=c_1\boldsymbol{a}_1+c_2\boldsymbol{a}_2,\quad \boldsymbol{a}_4=d_1\boldsymbol{a}_1+d_2\boldsymbol{a}_2 \tag{13}$$

という表現もできなければならない．これができれば，(12)に代入すると

$$\boldsymbol{x}=(h_1+h_3c_1+h_4d_1)\boldsymbol{a}_1+(h_2+h_3c_2+h_4d_2)\boldsymbol{a}_2$$

となり，これは(11)の形だから証明が完了する．

そこで，(13)の証明であるが，どちらも同様だから第 1 式を証明しよう．成分で表すと，

$$\begin{pmatrix} a_{13} \\ a_{23} \\ a_{33} \end{pmatrix}=c_1\begin{pmatrix} a_{11} \\ a_{21} \\ a_{31} \end{pmatrix}+c_2\begin{pmatrix} a_{12} \\ a_{22} \\ a_{32} \end{pmatrix}$$

となるから，c_1，c_2 についての連立 1 次方程式

$$\begin{cases} a_{11}c_1+a_{12}c_2=a_{13} \\ a_{21}c_1+a_{22}c_2=a_{23} \\ a_{31}c_1+a_{32}c_2=a_{33} \end{cases} \tag{14}$$

を解くことになる．はじめの2式を c_1，c_2 について解くと，左辺の係数の行列式 $\varDelta\neq 0$ という仮定から，クラメルの公式により解 c_1，c_2 が定まる．その c_1，c_2 が第3式をも満たすことが言えればよい．ここで，$\mathrm{rank}\,A=2$ という仮定から A の3次の小行列式の値はすべて0となることを思い出そう．いま使えそうなのは，そのうち

$$\begin{vmatrix} a_{11} & a_{12} & a_{13} \\ a_{21} & a_{22} & a_{23} \\ a_{31} & a_{32} & a_{33} \end{vmatrix}=0$$

である．第3列－第1列×c_1－第2列×c_2 として，c_1 と c_2 が(14)のはじめの2式をみたすことを用い，また，

$$a'_{33}=a_{33}-a_{31}c_1-a_{32}c_2 \tag{15}$$

とおくと，左辺の行列式は

$$\begin{vmatrix} a_{11} & a_{12} & a_{13}-a_{11}c_1-a_{12}c_2 \\ a_{21} & a_{22} & a_{23}-a_{21}c_1-a_{22}c_2 \\ a_{31} & a_{32} & a_{33}-a_{31}c_1-a_{32}c_2 \end{vmatrix}=\begin{vmatrix} a_{11} & a_{12} & 0 \\ a_{21} & a_{22} & 0 \\ a_{31} & a_{32} & a'_{33} \end{vmatrix}=\varDelta a'_{33}$$

となる．$\varDelta\neq 0$ だから，これが0になることから $a'_{33}=0$．よって，(15)の右辺が0となり，(14)の第3式が成り立つ．

これで(13)の第1式が示されたが，第2式も同様にして得られるから(i)が成り立つ．

(ii)の証明は簡単である．$\boldsymbol{a}_1$ と $\boldsymbol{a}_2$ が1次独立であることを示すためには，$k_1\boldsymbol{a}_1+k_2\boldsymbol{a}_2=\boldsymbol{0}$ ならば $k_1=k_2=0$ となることを言えばよい．したがって，証明はまず

「$k_1\boldsymbol{a}_1+k_2\boldsymbol{a}_2=\boldsymbol{0}$ とすると，」

から始まる．この関係を成分で表すと，

$$k_1\begin{pmatrix} a_{11} \\ a_{21} \\ a_{31} \end{pmatrix}+k_2\begin{pmatrix} a_{12} \\ a_{22} \\ a_{32} \end{pmatrix}=\begin{pmatrix} 0 \\ 0 \\ 0 \end{pmatrix}, \quad \text{あるいは} \begin{cases} a_{11}k_1+a_{12}k_2=0 \\ a_{21}k_1+a_{22}k_2=0 \\ a_{31}k_1+a_{32}k_2=0 \end{cases}$$

となり，上の2つの式を k_1，k_2 についての斉次連立1次方程式とみるとき，係数の行列式が $\varDelta\neq 0$ になるから自明な解以外に解はなく，$k_1=k_2=0$ が得られる．

ここでは，3×4 行列(10)の列ベクトルの張る空間を扱ったが，一般の行列に対して，列ベクトルについても行ベクトルについても，ここで用いたような方針で，はじめに述べたランクについての性質を証明することができる．

5．固有値の性質

n 次の正方行列 A の固有値についての性質を証明するとき，まず頭に浮ぶのは，

$$\boldsymbol{A x}=\lambda \boldsymbol{x}, \quad \boldsymbol{x} \neq \mathbf{0} \tag{16}$$

をみたす $\boldsymbol{x}$ が存在するような λ，という固有値の定義と，固有値が特性方程式

$$|A-\lambda E|=0 \tag{17}$$

の解として得られることである．$n=2$ の場合は，これらはそれぞれ，

$$\begin{pmatrix} a_{11} & a_{12} \\ a_{21} & a_{22} \end{pmatrix}\begin{pmatrix} x_1 \\ x_2 \end{pmatrix}=\lambda\begin{pmatrix} x_1 \\ x_2 \end{pmatrix}, \quad \begin{vmatrix} a_{11}-\lambda & a_{12} \\ a_{21} & a_{22}-\lambda \end{vmatrix}=0$$

を表している．

ここでは，これらを使う証明の例を１つずつ示そう．

例１　相似な２つの行列の固有値は一致する

とにかく，まず相似な２つの行列 A，B をとって来なければ証明は始まらない．次にこれらが相似とはどういうことか分らなければ証明しようがない．定義を考えると，適当な正則行列 T があって，

$$B=T^{-1}AT \tag{18}$$

と表されている．このとき，A と B の特性方程式が一致すれば，それらの解である固有値も一致する．そこで，

$$|B-\lambda E|=|A-\lambda E| \tag{19}$$

の証明を目標にしよう．(18)の両辺の行列式をとってみると，行列の積の行列式の性質から（$V^{-1}1=|T|^{-1}$ に注意)

$$|B|=|T^{-1}AT|=|T|^{-1}|A||T|=|A|$$

は得られるが，(19)とは結びつかない．そこで，行列 $B-\lambda E$ と $A-\lambda E$ の関係を求めよう．

$$B-\lambda E=T^{-1}AT-\lambda E$$

を $A-\lambda E$ から作るのには，A に T^{-1} を左から，T を右からかければよいが，A だけにかけたのでは(19)に結びつかない．そこで，全体にかけてみる．すると，

$$T^{-1}(A-\lambda E)T=T^{-1}AT-\lambda T^{-1}ET=B-\lambda E$$

となり，ここで両辺の行列式をとれば，今度は

$$|B-\lambda E|=|T^{-1}(A-\lambda E)T|=|T|^{-1}|A-\lambda E||T|=|A-\lambda E|$$

となり，証明が完了する．

例 2　対称行列の異なる固有値に対する固有ベクトルは互いに直交する．

A を対称行列とし，λ_1，λ_2 を異なる固有値，$\boldsymbol{x}_1$，$\boldsymbol{x}_2$ をそれらに対する固有ベクトルとする．証明したいのは $\boldsymbol{x}_1$ と $\boldsymbol{x}_2$ が直交することだから，定義から，内積が

$$(\boldsymbol{x}_1,\ \boldsymbol{x}_2)=0 \tag{20}$$

となることを示せばよい．ここで，仮定(条件)に戻ると，固有値，固有ベクトルの定義(16)から，

$$A\boldsymbol{x}_1=\lambda_1\boldsymbol{x}_1,\ A\boldsymbol{x}_2=\lambda_2\boldsymbol{x}_2 \tag{21}$$

が得られる．この式には行列 A が入っているから，(20)と結びつけるのに，内積が行列の算法で

$$(\boldsymbol{x}_1,\ \boldsymbol{x}_2)={}^t\boldsymbol{x}_1\boldsymbol{x}_2$$

と表されることを思い出そう．この式と(21)を結びつけるために，(21)の第 1 式と $\boldsymbol{x}_2$ の内積，$\boldsymbol{x}_1$ と第 2 式との内積を作ると，それぞれ

$${}^t(\lambda_1\boldsymbol{x}_1)\boldsymbol{x}_2={}^t(A\boldsymbol{x}_1)\boldsymbol{x}_2={}^t\boldsymbol{x}_1{}^tA\boldsymbol{x}_2$$

$${}^t\boldsymbol{x}_1(\lambda_2\boldsymbol{x}_2)={}^t\boldsymbol{x}_1(A\boldsymbol{x}_2)={}^t\boldsymbol{x}_1A\boldsymbol{x}_2$$

となる．ここで，A が対称行列という仮定から，${}^tA=A$ となり，この 2 つの式の右辺が等しいから左辺も等しい．行列にスカラー λ_1，λ_2をかけるのは，転置と順序を変えられることを用いて変形すると，順に，

$$\lambda_1{}^t\boldsymbol{x}_1\boldsymbol{x}_2=\lambda_2{}^t\boldsymbol{x}_1\boldsymbol{x}_2,\ (\lambda_1-\lambda_2){}^t\boldsymbol{x}_1\boldsymbol{x}_2=0$$

となる．よって，$\lambda_1\neq\lambda_2$という仮定から，求める関係

$${}^t\boldsymbol{x}_1\boldsymbol{x}_2=0$$

が得られ，証明が完了する．

この例2の証明を普通の書き方で書くと次のようになる．

〔証明〕 対称行列 A の異なる固有値 λ_1，λ_2 に対する固有ベクトルをそれぞれ $\boldsymbol{x}_1$，$\boldsymbol{x}_2$ とすると，

$$A\boldsymbol{x}_1=\lambda_1\boldsymbol{x}_1,\quad A\boldsymbol{x}_2=\lambda_2\boldsymbol{x}_2$$

となる．${}^tA=A$ を用いて，

$$\begin{aligned}\lambda_1{}^t\boldsymbol{x}_1\boldsymbol{x}_2&={}^t(\lambda_1\boldsymbol{x}_1)\boldsymbol{x}_2={}^t(A\boldsymbol{x}_1)\boldsymbol{x}_2={}^t\boldsymbol{x}_1{}^tA\boldsymbol{x}_2\\&={}^t\boldsymbol{x}_1A\boldsymbol{x}_2={}^t\boldsymbol{x}_1(\lambda_2\boldsymbol{x}_2)=\lambda_2{}^t\boldsymbol{x}_1\boldsymbol{x}_2\end{aligned}$$

$\lambda_1\neq\lambda_2$ だから ${}^t\boldsymbol{x}_1\boldsymbol{x}_2=0$．よって，$\boldsymbol{x}_1$ と $\boldsymbol{x}_2$ は直交する．

ここにあげた固有値に関する2つの定理の証明は簡単ではあるが，やはり少し工夫が必要だった．このように，証明には着想や工夫が要求され，万能な方法はない．また，逆にすらすらと思考が進むなら，無理にまわりくどく考える必要はない．しかし，どこから手をつけてよいか分らないときには，落ち着いてソロソロとソロー流で始めてみてもらいたい．

練習問題11

(☞解答 183 ページ)

次の各命題について，まず証明するには何を言えばよいかを考え，前進後退法によって証明を完成せよ．

1．n 次元線形空間 V の基底を定めるとき，V のベクトルをそれらの1次結合で表す表し方は一意的である．

2．行列のある列の k 倍を他の列に加える列変形を施しても，列ベクトルの張る空間は変らない．

3．3個のベクトル $\boldsymbol{a}=\begin{pmatrix}a_1\\a_2\\a_3\end{pmatrix}$，$\boldsymbol{b}=\begin{pmatrix}b_1\\b_2\\b_3\end{pmatrix}$，$\boldsymbol{c}=\begin{pmatrix}c_1\\c_2\\c_3\end{pmatrix}$ において，$b_1=c_1=c_2=0$ であって，a_1，b_2，c_3 がどれも0でないならば，$\boldsymbol{a}$，$\boldsymbol{b}$，$\boldsymbol{c}$ は1次独立である．
（行列式を使わないで，1次独立性の定義から直接証明すること．）

4．本文(10)の行列で，$D=\begin{vmatrix}a_{11}&a_{12}&a_{13}\\a_{21}&a_{22}&a_{23}\\a_{31}&a_{32}&a_{33}\end{vmatrix}\neq0$ のとき，$\boldsymbol{a}_1$，$\boldsymbol{a}_2$，$\boldsymbol{a}_3$ が V の1組の基底になる．

5．正方行列の異なる固有値に対する固有ベクトルは1次独立である．

6．正方行列 A の固有値 λ に対する固有ベクトルを $\boldsymbol{x}$ とすると，$\boldsymbol{x}$ は A^n の固有値 λ^n に対する固有ベクトルとなる．

7．正方行列 A が正則行列 T によって対角化されるならば，T の列ベクトルは A の固有ベクトルで，$B=T^{-1}AT$ の対角要素は T の固有値である．

8．$\boldsymbol{x}$ が固有値 λ に対する A の固有ベクトルで，T が A と同じ次数の正則行列のとき，$T^{-1}\boldsymbol{x}$ は $B=T^{-1}AT$ の固有値 λ に対する固有ベクトルである．

第12章 行列の拡張と応用

もっと行列をもっと自由に

1．行列のいろいろな発展

いままで主に扱った行列は要素が実数で，演算として，和と差，実数倍，積をもっていた．正則行列の場合にはさらに逆行列が存在するので，乗法の交換法則が成り立たないことを除いては，普通の数と同じような演算を行うことができた．

ここで，正方行列について，さらに発展した使い方，違った種類や用法について調べよう．拡張の方向はいろいろあるが，そのうち次の3つを考えることにする．

まず，数を表す文字 x についての多項式と同じように，正方行列 A についての多項式を考えよう．

例1 $f(x)=x^3-3x-2$ のとき，$f(A)$ は $A^3-3A-2E$ を表すものとする．ここで，$f(x)$ の定数項 -2 に対応する $f(A)$ の項は，$-2E$ となっていることに注意しよう．たとえば，

$$A=\begin{pmatrix} 2 & 3 \\ 1 & 4 \end{pmatrix} \tag{1}$$

のとき，

$$A^3=\begin{pmatrix} 2 & 3 \\ 1 & 4 \end{pmatrix}^3=\begin{pmatrix} 7 & 18 \\ 6 & 19 \end{pmatrix}\begin{pmatrix} 2 & 3 \\ 1 & 4 \end{pmatrix}=\begin{pmatrix} 32 & 93 \\ 31 & 94 \end{pmatrix}.$$

よって，

$$f(A)=A^3-3A-2E=\begin{pmatrix}32 & 93\\ 31 & 94\end{pmatrix}-\begin{pmatrix}6 & 9\\ 3 & 12\end{pmatrix}-\begin{pmatrix}2 & 0\\ 0 & 2\end{pmatrix}=\begin{pmatrix}24 & 84\\ 28 & 80\end{pmatrix}$$

となる．行列の多項式が定義されれば，その極限としてべき級数が定義され，これを用いて，べき級数で表された関数が自然な形で行列の場合に拡張される．たとえば，

$$e^x=1+x+\frac{1}{2!}x^2+\frac{1}{3!}x^3+\cdots$$

に対応して，行列の指数関数

$$e^A=E+A+\frac{1}{2!}A^2+\frac{1}{3!}A^3+\cdots \tag{2}$$

が定義される．

第2の拡張として，要素が実数でない行列を考える．実数を要素とする行列でも固有値は虚数になることがあり，こういう行列の対角化には複素数を要素とする行列が必要になる．

例 2　$A=\begin{pmatrix}0 & 1\\ -1 & 0\end{pmatrix}$ の固有値は $\lambda=\pm i$.

$T=\begin{pmatrix}1 & i\\ i & 1\end{pmatrix}$ とおくと，

$$\begin{aligned}T^{-1}AT&=\frac{1}{2}\begin{pmatrix}1 & -i\\ -i & 1\end{pmatrix}\begin{pmatrix}0 & 1\\ -1 & 0\end{pmatrix}\begin{pmatrix}1 & i\\ i & 1\end{pmatrix}\\ &=\frac{1}{2}\begin{pmatrix}i & 1\\ -1 & -i\end{pmatrix}\begin{pmatrix}1 & i\\ i & 1\end{pmatrix}=\begin{pmatrix}i & 0\\ 0 & -i\end{pmatrix}\end{aligned}$$

要素が複素数の行列を**複素行列**といい，これと区別したいとき，要素が実数のものを**実行例**という．複素行列は，直接応用されるほか実行列の理論にも必要になる．

さらに，要素が普通の数とは異なる四則算法をもつ行列が用いられる場合もある．

第3の拡張として，積を普通の行列と違った方法で定義することがある．これはもはや普通の意味の行列ではないが，それが応用上役に立つならば，使いみちに応じて特別な算法を工夫してもよいのである．

ここにあげた3種類の拡張について，以下順を追って簡単な例によって説明しよう．

2．行列の多項式

A が n 次の正方行列のとき，x の m 次式

$$f(x)=a_0x^m+a_1x^{m-1}+\cdots+a_{m-1}x+a_m \tag{3}$$

に対して，

$$f(A)=a_0A^m+a_1A^{m-1}+\cdots+a_{m-1}A+a_mE \tag{4}$$

と定める．ここで，$f(x)$ の定数項 a_m には，n 次の単位行列 E の a_m 倍が対応している．

2つの正方行列 A と B は一般には可換でないから，第3章で述べたように，$AB\neq BA$ のとき，

$$(A+B)^2\neq A^2+2AB+B^2,\ (A+B)(A-B)\neq A^2-B^2$$

となり，普通の乗法の公式が成り立たない．しかし，1つの正方行列 A だけの多項式についての乗法は順序に関係なく，一般に $f(x)=g(x)h(x)$ のとき，

$$f(A)=g(A)h(A)$$

が成り立つ．

例1の場合，$f(x)=(x+1)^2(x-2)$ を用い，

$$f(A)=(A+E)^2(A-2E)=\begin{pmatrix}3&3\\1&5\end{pmatrix}^2\begin{pmatrix}0&3\\1&2\end{pmatrix}=\begin{pmatrix}24&84\\28&80\end{pmatrix}$$

としてもよい．

$f(x)$ の多項式としての次数 m が A の正方行列としての次数 n よりも大きいとき，$f(A)$ を計算する便法がある．それには，

「正方行列 A の固有多項式を $\varphi(\lambda)$ とすると，$\varphi(A)=O$ となる」

というハミルトン・ケイリーの定理を使えばよい．

例1の行列 A の固有多項式は，

$$\varphi(\lambda)=\begin{vmatrix}2-\lambda&3\\1&4-\lambda\end{vmatrix}=\lambda^2-6\lambda+5 \tag{5}$$

で，実際，

$$\varphi(A)$$
$$=\begin{pmatrix}2&3\\1&4\end{pmatrix}^2-6\begin{pmatrix}2&3\\1&4\end{pmatrix}+5\begin{pmatrix}1&0\\0&1\end{pmatrix}=\begin{pmatrix}7&18\\6&19\end{pmatrix}-\begin{pmatrix}12&18\\6&24\end{pmatrix}+\begin{pmatrix}5&0\\0&5\end{pmatrix}=\begin{pmatrix}0&0\\0&0\end{pmatrix}$$

となっている．

$f(x)$ を $\varphi(x)$ で割り，

$$f(x)=\varphi(x)q(x)+r(x) \tag{6}$$

とすると，$\varphi(A)=0$ により，

$$f(A)=\varphi(A)q(A)+r(A)=r(A) \tag{7}$$

となる．

例1の場合，

$$f(x)=x^3-3x-2=(x^2-6x+5)(x+6)+28x-32 \tag{8}$$

となるから，$r(x)=28x-32$ で，

$$f(A)=r(A)=28\begin{pmatrix}2&3\\1&4\end{pmatrix}-32\begin{pmatrix}1&0\\0&1\end{pmatrix}=\begin{pmatrix}24&84\\28&80\end{pmatrix}. \tag{9}$$

ところで，$f(x)$ の次数が高い場合には(8)の割り算も面倒であるが，商 $q(x)$ は不要で，余り $r(x)$ だけを求めればよいのだから，割り算を実行しないで求める方法もある．

簡単のため，2次の正方行列 A が異なる固有値 λ_1 と λ_2 をもつ場合を考えよう．このとき，固有多項式は2次式だから，これで割った余り $r(x)$ は1次式になる．

$$r(x)=ax+b \tag{10}$$

とおくと，(6)は

$$f(x)=\varphi(x)q(x)+ax+b$$

となる．ここで，両辺に λ_1，λ_2 を代入して，これらが $\varphi(\lambda_1)=\varphi(\lambda_2)=0$ をみたすことを考慮すると，

$$f(\lambda_1)=a\lambda_1+b,\quad f(\lambda_2)=a\lambda_2+b$$

となり，これを解いて，

$$a=\frac{f(\lambda_1)-f(\lambda_2)}{\lambda_1-\lambda_2},\quad b=\frac{\lambda_1 f(\lambda_2)-\lambda_2 f(\lambda_1)}{\lambda_1-\lambda_2} \tag{11}$$

を得る．この値を用いて，

$$f(A)=r(A)=aA+bE$$

となる．この結果は A が n 次の場合にも拡張できる．

例1の A では，(5)から固有値は $\lambda=1,\ 5$.

$$\lambda_1=1,\ \lambda_2=5,\ f(\lambda_1)=-4,\ f(\lambda_2)=108$$

を (11) に代入すると，$a=28$，$b=-32$．よって，(9)により $f(A)$ が求められる．

3．行列の数列と級数

いま，$P=\begin{pmatrix}1 & 0\\ 1 & \frac{1}{2}\end{pmatrix}$ とすると，

$$P^2=\begin{pmatrix}1 & 0\\ \frac{3}{2} & \frac{1}{4}\end{pmatrix},\ P^3=\begin{pmatrix}1 & 0\\ \frac{7}{4} & \frac{1}{8}\end{pmatrix},\ \cdots,\ P^n=\begin{pmatrix}1 & 0\\ 2-2^{1-n} & 2^{-n}\end{pmatrix},\ \cdots \tag{12}$$

となる．このような行列の列を，行列を項にもつ数列と呼ぼう．

2次の正方行列 $A_n=\begin{pmatrix}a_n & b_n\\ c_n & d_n\end{pmatrix}$ を項にもつ数列 $\{A_n\}$ が $A=\begin{pmatrix}a & b\\ c & d\end{pmatrix}$ に収束するとは，$\{A_n\}$ の各要素の作る4個の数列 $\{a_n\}$，$\{b_n\}$，$\{c_n\}$，$\{d_n\}$ がそれぞれ a，b，c，d に収束することとする．(12)の数列 $\{P^n\}$ は，$n\to\infty$ のとき $\begin{pmatrix}1 & 0\\ 2 & 0\end{pmatrix}$ に収束する．(12)の一般項は数学的帰納法によって容易に確かめられるが，この数列の極限を求めるのに，P の対角化を利用することもできる．

P の固有値は1と $\frac{1}{2}$ で，これらに対する固有ベクトルとして，それぞれ $\begin{pmatrix}1\\ 2\end{pmatrix}$，$\begin{pmatrix}0\\ 1\end{pmatrix}$ をとれる．よって，$T=\begin{pmatrix}1 & 0\\ 2 & 1\end{pmatrix}$ とおくと $T^{-1}PT=\begin{pmatrix}1 & 0\\ 0 & \frac{1}{2}\end{pmatrix}$ となる．この右辺の対角行列を Q とすると，

$$Q^n=\begin{pmatrix}1 & 0\\ 0 & \dfrac{1}{2^n}\end{pmatrix}\to\begin{pmatrix}1 & 0\\ 0 & 0\end{pmatrix}\quad (n\to\infty) \tag{13}$$

となる．一方，$P=TQT^{-1}$ から，

$$P^n=TQT^{-1}TQT^{-1}\cdots TQT^{-1}=TQQ\cdots QT^{-1}=TQ^nT^{-1} \tag{14}$$

よって，(13)の極限の行列を R で表すと，$n\to\infty$ のとき

$$P^n\to TRT^{-1}=\begin{pmatrix}1 & 0\\ 2 & 1\end{pmatrix}\begin{pmatrix}1 & 0\\ 0 & 0\end{pmatrix}\begin{pmatrix}1 & 0\\ -2 & 1\end{pmatrix}=\begin{pmatrix}1 & 0\\ 2 & 0\end{pmatrix} \tag{15}$$

ここで，T や T^{-1} をかける演算と極限をとる操作を施す順序を入れ換えたが，このようにしてよいことを示す場合など，行列の収束を議論するには行列のノルムを考えると都合がよい．

$$A=\begin{pmatrix}a & b\\ c & d\end{pmatrix}$$

のノルム $\|A\|$ とは，A を 4 次元ベクトルと考えた場合の長さのこととする．

$$\|A\|=\sqrt{a^2+b^2+c^2+d^2}$$

とすると，

$$\|A\|=0 \quad\Leftrightarrow\quad a=b=c=d=0$$

となり，

$$A_n\to A \quad (n\to\infty) \quad\Leftrightarrow\quad \|A_n-A\|\to 0 \quad (n\to\infty) \tag{16}$$

が成り立つ．ノルムに関する重要な関係

$$\|AB\|\leqq\|A\|\|B\| \tag{17}$$

を用いると，(14)より

$$\|P^n-TRT^{-1}\|=\|T(Q^n-R)T^{-1}\|\leqq\|T\|\|Q^n-R\|\|T^{-1}\|$$

$n\to\infty$ のとき，$\|Q^n-R\|\to 0$．よって，この式から $\|P^n-TRT^{-1}\|\to 0$．したがって，(15)が成り立つ．

行列の数列の収束や極限が定義されれば，行列の級数

$$A_1+A_2+\cdots+A_n+\cdots \tag{18}$$

の収束や和 S は，それぞれ，部分和

$$S_n=A_1+A_2+\cdots+A_n$$

を項にもつ数列の収束や極限によって定義される．

$$A_n=\begin{pmatrix} a_n & b_n \\ c_n & d_n \end{pmatrix}$$

のとき，$\sum_{n=1}^{\infty}$ を簡単に Σ と略記すると，

$$\Sigma A_n \text{ が収束} \Leftrightarrow \Sigma a_n,\ \Sigma b_n,\ \Sigma c_n,\ \Sigma d_n \text{ が収束}$$

となり，また，

$$\Sigma A_n=\Sigma\begin{pmatrix} a_n & b_n \\ c_n & d_n \end{pmatrix}=\begin{pmatrix} \Sigma a_n & \Sigma b_n \\ \Sigma c_n & \Sigma d_n \end{pmatrix}$$

と表される．

$\Sigma\|A_n\|$ が収束すれば ΣA_n も収束する．これは1つの十分条件を与えているのだが，数を項にもつ級数の収束によって判定できるので便利である．たとえば，(2)の右辺の級数を考えると，(17)から $\|A^n\|\leqq\|A\|^n$ で，$\sum_{n=0}^{\infty}\frac{1}{n!}\|A\|^n$ が収束するから，(2)の右辺の級数も収束し，この級数によって，行列の指数関数 e^A が定義される．

A が異なる固有値 λ_1，λ_2 をもつとき，この値は多項式の場合と同様，$f(x)=e^x$ に対し(11)で与えられる a，b によって，$aA+bE$ と表される．

例3　$A=\begin{pmatrix} 2 & 3 \\ 1 & 4 \end{pmatrix}$ のとき $\lambda_1=1$，$\lambda_2=5$．よって，(11)から，

$$a=\frac{e^5-e}{4},\quad b=-\frac{e^5-5e}{4}$$

$$e^A=aA+bE=\frac{1}{4}\begin{pmatrix} e^5+3e & 3e^5-3e \\ e^5-e & 3e^5+e \end{pmatrix}$$

行列の指数関数については，A と B が可換でないとき，一般に指数法則 $e^{A+B}=e^Ae^B$ が成り立たないことは注意を要する．しかし，ベクトルや行列の微分を各成分または要素を微分することとすると，A が定数を要素にもつ行列のとき，

$$\frac{d}{dt}e^{At}=Ae^{At} \tag{19}$$

が成り立つ．これを連立微分方程式に応用してみよう．

$$\begin{cases} \dfrac{dx}{dt}=ax+by \\ \dfrac{dy}{dt}=cx+dy \end{cases} \tag{20}$$

$$A=\begin{pmatrix} a & b \\ c & d \end{pmatrix},\quad \boldsymbol{x}=\begin{pmatrix} x \\ y \end{pmatrix}$$

とおくと，(20)は，

$$\frac{d}{dt}\boldsymbol{x}=A\boldsymbol{x}$$

と表される．(19)と比較すると，

$$\boldsymbol{x}=e^{At}\boldsymbol{x}_0,\quad \boldsymbol{x}_0=\begin{pmatrix} x_0 \\ y_0 \end{pmatrix} \tag{21}$$

が解であることが分る．ここで，$t=0$ とおくと，$\boldsymbol{x}=\boldsymbol{x}_0$ となるから，(21)は初期条件 $\boldsymbol{x}_0$ の解を与える．

例 4　$\begin{cases} \dfrac{dx}{dt}=2x+3y \\ \dfrac{dy}{dt}=x+4y, \end{cases}$　　初期条件　$t=0$ のとき，$x=x_0$，$y=y_0$

(21)で $A=\begin{pmatrix} 2 & 3 \\ 1 & 4 \end{pmatrix}$ とすればよいから，At に対して例 3 と同様の計算をすると，

$$\begin{pmatrix} x \\ y \end{pmatrix}=e^{At}\begin{pmatrix} x_0 \\ y_0 \end{pmatrix}=\frac{1}{4}\begin{pmatrix} e^{5t}+3e^{t} & 3e^{5t}-3e^{t} \\ e^{5t}-e^{t} & 3e^{5t}+e^{t} \end{pmatrix}\begin{pmatrix} x_0 \\ y_0 \end{pmatrix}$$

が得られる．

4．複素ベクトルと複素行列

実係数の 2 次方程式を解くための必要から虚数が自然に導入されたように，実行列についても，固有値，固有ベクトル，対角化等を考えるとき，複素数を成分とする**複素ベクトル**や，例 2 のような複素行列が必要になる．長さと方向をもった量としてベクトルをとらえると，複素ベクトルというのは理解しにくいが，単なる数の組と考えれば，成分が実数であっても複素数で

あっても別に変ったことはない．2次形式を表す行列を扱うとき，対称行列や直交行列の概念が重要になり，したがって，ベクトルの内積や長さが必要であった．複素ベクトルを考えるとき，いったん平面ベクトルや空間ベクトルのイメージを捨てて単なる複素数の組と考え，あらためて，実数の場合と類似の理論が成り立つような形でこれらの概念を導入しよう．

簡単のため2次元の場合を考え，2つの複素ベクトル

$$\boldsymbol{a}=\begin{pmatrix}\alpha_1\\ \alpha_2\end{pmatrix},\quad \boldsymbol{b}=\begin{pmatrix}\beta_1\\ \beta_2\end{pmatrix}$$

の内積を，

$$(\boldsymbol{a},\ \boldsymbol{b})=\alpha_1\overline{\beta}_1+\alpha_2\overline{\beta}_2 \tag{22}$$

と定義する．ここで，右辺の $\overline{\beta}_1$，$\overline{\beta}_2$ はそれぞれ β_1，β_2 の共役複素数を表す．$\boldsymbol{a}$ の大きさは，実ベクトルの場合と同様，

$$|\boldsymbol{a}|=\sqrt{(\boldsymbol{a},\ \boldsymbol{a})}=\sqrt{|\alpha_1|^2+|\alpha_2|^2} \tag{23}$$

とする．内積は複素数であるが，大きさは負でない実数になる．

実際，$\alpha_1=x_1+y_1i$，$\alpha_2=x_2+y_2i$ とおくと，

$$|\alpha_1|^2=\alpha_1\overline{\alpha}_1=(x_1+y_1i)(x_1-y_1i)=x_1^2+y_1^2$$

同様にして，$|\alpha_2|^2=x_2^2+y_2^2$ だから，

$$|\boldsymbol{a}|=\sqrt{x_1^2+y_1^2+x_2^2+y_2^2}$$

となる．

このように定義すると，内積や大きさについて，実数の場合と同様な関係

$$|(\boldsymbol{a},\boldsymbol{b})|\leqq|\boldsymbol{a}||\boldsymbol{b}|,\quad |\boldsymbol{a}+\boldsymbol{b}|\leqq|\boldsymbol{a}|+|\boldsymbol{b}|$$

が成り立つ．

実ベクトルの場合と違う点は，内積が順序に関係し，

$$(\boldsymbol{b},\boldsymbol{a})=\overline{(\boldsymbol{a},\boldsymbol{b})} \tag{24}$$

となる点である．しかし，$(\boldsymbol{a},\boldsymbol{b})=0$ のとき $\boldsymbol{a}$ が $\boldsymbol{b}$ に直交すると言うことにすると，そのとき，(24)から $(\boldsymbol{b},\boldsymbol{a})=0$ となるから $\boldsymbol{b}$ が $\boldsymbol{a}$ に直交する．

実対称行列や直交行列の定義に転置行列が用いられたが，複素行列の場合，

$$A^*={}^t\overline{A}$$

が対応する役割りを果す．ここで，$\overline{A}$ は A のすべての要素を共役複素数で置き換えた行列を表す．複素行列 A が $A^*=A$ をみたすとき**エルミート行列**，$A^*=A^{-1}$ のとき**ユニタリ行列**という．これらは，それぞれ実行列の場合の対称行列，直交行列に対応する．

	条　件	対応する実行列
エルミート行列	$A^*=A$	対称行列
ユニタリ行列	$A^*A=E$	直交行列

対称行列が直交行列によって対角化されるように，エルミート行列はユニタリ行列によって対角化される．

例 5　エルミート行列

$$H=\begin{pmatrix} 2 & 2-i \\ 2+i & -2 \end{pmatrix}$$

の固有多項式は λ^2-9，固有値は ± 3 で，単位固有ベクトルを列ベクトルとするユニタリ行列

$$U=\frac{1}{\sqrt{6}}\begin{pmatrix} 2-i & -1 \\ 1 & 2+i \end{pmatrix}$$

により，

$$U^{-1}HU=\frac{1}{\sqrt{6}}\begin{pmatrix} 2+i & 1 \\ -1 & 2-i \end{pmatrix}\begin{pmatrix} 2 & 2-i \\ 2+i & -2 \end{pmatrix}\frac{1}{\sqrt{6}}\begin{pmatrix} 2-i & -1 \\ 1 & 2+i \end{pmatrix}=\begin{pmatrix} 3 & 0 \\ 0 & -3 \end{pmatrix}$$

と対角化される．

この例のように，一般にエルミート行列の固有値はすべて実数になることを証明しておこう．これは，特別な場合として実対称行列の固有値がすべて実数になることを含んでいる．条件 $H^*=H$ の共役をとると，${}^tH=\overline{H}$ となる．複素列ベクトルの内積を行列の演算で表すと，

$$(\boldsymbol{x},\boldsymbol{y})={}^t\boldsymbol{x}\,\overline{\boldsymbol{y}}$$

となるから，固有値 λ に対する固有ベクトルを $\boldsymbol{x}$ とすると，

$$\begin{aligned}\lambda(\boldsymbol{x},\boldsymbol{x})&=\lambda{}^t\boldsymbol{x}\,\overline{\boldsymbol{x}}={}^t(\lambda\boldsymbol{x})\,\overline{\boldsymbol{x}}={}^t(H\boldsymbol{x})\,\overline{\boldsymbol{x}}={}^t\boldsymbol{x}{}^tH\overline{\boldsymbol{x}}={}^t\boldsymbol{x}\overline{H}\,\overline{\boldsymbol{x}}={}^t\boldsymbol{x}\overline{H\boldsymbol{x}}={}^t\boldsymbol{x}\overline{\lambda\boldsymbol{x}}\\&=\overline{\lambda}(\boldsymbol{x},\boldsymbol{x}).\end{aligned}$$

ここで，$(\boldsymbol{x},\boldsymbol{x})\neq 0$ だから $\lambda=\overline{\lambda}$．よって，$\lambda$ は実数になる．

5．(0, 1) 行列

いままで扱った行列は，すべて要素が実数または複素数で，要素の間の演算は普通の加法，乗法であった．しかし，要素の間に普通の数とは違う演算が定義された行列が役に立つこともある．

整数を係数とする整数の間の1次変換

$$\begin{pmatrix} x' \\ y' \\ z' \end{pmatrix} = \begin{pmatrix} 3 & 1 & 4 \\ 1 & 5 & 9 \\ 2 & 6 & 5 \end{pmatrix} \begin{pmatrix} x \\ y \\ z \end{pmatrix} \tag{25}$$

を考えてみよう．x，y，z に整数値を与えたとき，対応する x'，y'，z' の値が必要でなく，ただそれらが偶数か奇数かだけを知りたい場合には，実際の値を計算する必要はない．偶数を0，奇数を1で表すことにすると，(25)は

$$\begin{pmatrix} x' \\ y' \\ z' \end{pmatrix} = \begin{pmatrix} 1 & 1 & 0 \\ 1 & 1 & 1 \\ 0 & 0 & 1 \end{pmatrix} \begin{pmatrix} x \\ y \\ z \end{pmatrix} \tag{26}$$

となる．ここで，文字も0または1の値をとるものとする．2数の和は，一方が奇数で他方が偶数のときだけ奇数になり，2数の積は，両方とも奇数のときだけ奇数になる．この関係を0と1の記号で表すと，次のようになる．

加法表

	0	1
0	0	1
1	1	0

乗法表

	0	1
0	0	0
1	0	1

この演算は $1+1=0$ となる点が普通の加法と異なるが，四則演算の規則はみたしている．この演算表に従って計算すると，求める結果が得られる．

たとえば，(25)で $x=4$，$y=5$，$z=7$ のとき，(26)では $x=0$，$y=z=1$ で

$$\begin{pmatrix} x' \\ y' \\ z' \end{pmatrix} = \begin{pmatrix} 1 & 1 & 0 \\ 1 & 1 & 1 \\ 0 & 0 & 1 \end{pmatrix} \begin{pmatrix} 0 \\ 1 \\ 1 \end{pmatrix} = \begin{pmatrix} 0+1+0 \\ 0+1+1 \\ 0+0+1 \end{pmatrix} = \begin{pmatrix} 1 \\ 0 \\ 1 \end{pmatrix}$$

となる．よって，(25)の x' と z' は奇数，y' は偶数である．(25)によって計算した実際の値は，$x'=45$，$y'=92$，$z'=73$ である．

最後に，普通の行列演算と異なる乗法を応用する例を1つ述べよう．

右図の4点は4つの状態を表し，線分で結ばれた2点は，1回の操作で矢印の方向のどれかに状態が移ることを意味している．たとえば，1の状態は1回の操作で3または4の状態に移る．この関係を0と1を要素とする4×4行列

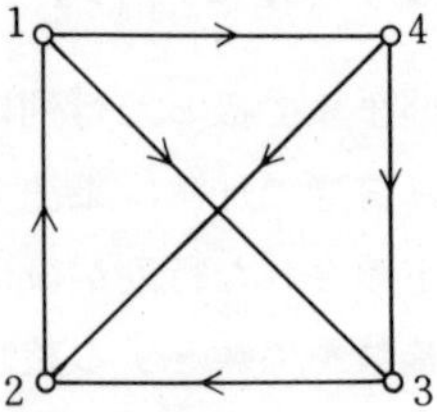

図1

$$A=\begin{pmatrix}0&1&0&0\\0&0&1&1\\1&0&0&1\\1&0&0&0\end{pmatrix} \tag{27}$$

で表すことができる．j から i へ1回で移れるとき $(i,\ j)$ 要素 $a_{ij}=1$，1回で移れないとき $a_{ij}=0$ とする．そのとき，状態 j から i へちょうど2回で移れるかどうかを同じような行列で表すにはどうすればよいだろうか．図2で，上段の j が中段の k のどれかを通って下段の i と結ばれているとき $(i,\ j)$ 要素を1にするのだが，それは $a_{ik}=a_{kj}=1$ となる k が少なくとも1つ存在する場合である．これはまた，$a_{ik}a_{kj}=1$ の場合にあたるから，普通の行列の積で A^2 の $(i,\ j)$ 要素を

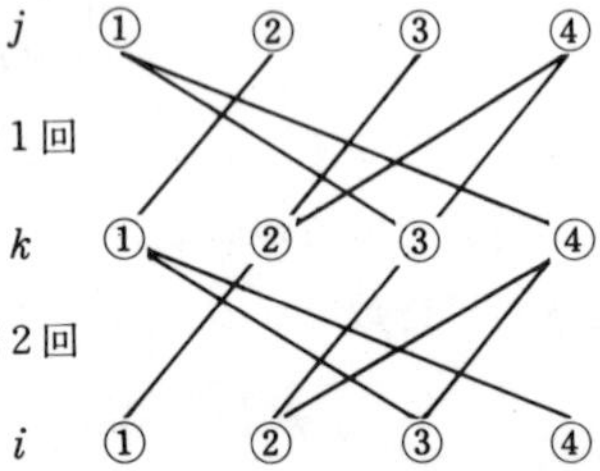

図2

$$a_{i1}a_{1j}+a_{i2}a_{2j}+a_{i3}a_{3j}+a_{i4}a_{4j}$$

とするところを，

$$\max\{a_{i1}a_{1j},\ a_{i2}a_{2j},\ a_{i3}a_{3j},\ a_{i4}a_{4j}\} \tag{28}$$

でおき換えればよい．つまり，$a_{ik}a_{kj}\ (k=1,\ 2,\ 3,\ 4)$ の中に1が1つでもあれば $(i,\ j)$ 要素を1とし，そうでなければ0とするのである．このような特別の演算による積をいま A^2 で表し，同様にして A^3 を作ると，

$$A^2=\begin{pmatrix}0&0&1&1\\1&0&0&1\\1&1&0&0\\0&1&0&0\end{pmatrix},\quad A^3=\begin{pmatrix}1&0&0&1\\1&1&0&0\\0&1&1&1\\0&0&1&1\end{pmatrix} \tag{29}$$

となる．A^3 の $(i,\ j)$ 要素が 1 となるのは，状態 j から i へちょうど 3 回で移れることを示している．

実は，この計算は行列の積を(28)で定義する代りに，要素自身の和と積を

加法表

	0	1
0	0	1
1	1	1

乗法表

	0	1
0	0	0
1	0	1

によって定義した上で，普通の行列の積の法則で行ったのと同じになる．このような計算で(27)，(29)の行列の和 $A+A^2+A^3$ を作るとすべての要素が 1 になる．これは，与えられた 4 つの状態のどの 2 つも（もとの状態への復帰も含めて）3 回以下の操作で移れることを示している．

また，この表に示した和と積の演算は，負でない実数の普通の加法，乗法で，正の数をすべて 1 でおき換えたものだから，行列の要素を 0，1 に限らなければ，普通の行列の計算をした上で，要素が正になることで判定してもよい．しかし，行列の積の演算の変形が応用上役に立つことがあるので，例として(28)を示したのである．

練習問題12

（☞解答 *183* ページ）

1．A が n 次の正方行列のとき，次の式を展開せよ．

(1)　$(A+E)^3$　　(2)　$(A+E)(A^2-A+E)$

2．n 次の正方行列 A，B に関する次の記述は正しいか．

(1)　$A^2=B^2$ ならば $A=\pm B$

(2)　$f(x)=g(x)h(x)$ のとき，$f(A)=0$ ならば $g(A)=O$ または $h(A)=O$

3．3 次の正方行列 A が異なる固有値 λ_1，λ_2，λ_3 をもつとき，本文(7)式の $f(A)$ を求めよ．

4．2 次の正方行列について，正方行列のノルムに関する本文(17)式

$$\|AB\| \leqq \|A\|\|B\|$$

を証明せよ．また，等号が成り立つのはどういうときかを調べよ．

5．A が正方行列のとき，$\sin A$，$\cos A$ を定義し，$A=\begin{pmatrix} 2 & 3 \\ 1 & 4 \end{pmatrix}$ のとき，これらの値を求めよ．

6．$A=\begin{pmatrix}1 & -1\\1 & 1\end{pmatrix}$ のとき，e^{At} を求めよ．

7．2次元複素ベクトル $\boldsymbol{a}$，$\boldsymbol{b}$ について，次の式を証明せよ．

(1) $(\boldsymbol{b},\boldsymbol{a})=\overline{(\boldsymbol{a},\boldsymbol{b})}$ (2) $|(\boldsymbol{a},\boldsymbol{b})|\leqq|\boldsymbol{a}||\boldsymbol{b}|$

(3) $|\boldsymbol{a}+\boldsymbol{b}|\leqq|\boldsymbol{a}|+|\boldsymbol{b}|$

8．$A=\begin{pmatrix}2 & 3\\1 & 4\end{pmatrix}$，$\boldsymbol{x}=\begin{pmatrix}x\\y\end{pmatrix}$，$\boldsymbol{x}'=\begin{pmatrix}x'\\y'\end{pmatrix}$ とし，1次変換 $\boldsymbol{x}'=A^n\boldsymbol{x}$（$n$ は正の整数）を考える．x，y に整数値を与えるとき，それらが奇数か偶数かによって，対応する x'，y' が奇数，偶数のどちらになるかを調べよ．

ヒントと答

練習問題 1　(☞問題 *17* ページ)

1．(2)，(4)　[(1)はスカラー倍の条件をみたさない．(3)は 0 倍を含まないし，和の条件もみたさない．]

2．(1)　[(2)はスカラー倍の条件をみたさない．(3)は和の条件をみたさない．]

4．(1)　$2\boldsymbol{a}+3\boldsymbol{b}$　　(2)　$-\boldsymbol{a}+2\boldsymbol{b}$

5．(1)　$(10,\ 36,\ -3)$　　(2)　$k_1=-1,\ k_2=3,\ k_3=2$

6．(1)　$(2,\ 1,\ 14,\ 19)$　　(2)　$|\boldsymbol{a}|=7\sqrt{2},\ |\boldsymbol{b}|=5$　　(3)　45度

7．(1)　$f_1(x)=\dfrac{1}{2}x^2-\dfrac{5}{2}x+3,\ f_2(x)=-x^2+4x-3,\ f_3(x)=\dfrac{1}{2}x^2-\dfrac{3}{2}x+1$

(2)　$a=\dfrac{1}{2}x_1-x_2+\dfrac{1}{2}x_3,\ b=-\dfrac{5}{2}x_1+4x_2-\dfrac{3}{2}x_3,\ c=3x_1-3x_2+x_3$

8．(1)　直線　　(2)　らせん（つるまき線）

9．等差数列の和も実数倍も等差数列．しかし，公比の異なる等比数列の和は等比数列でない．

練習問題 2　(☞問題 *31* ページ)

1．(1)　$\begin{pmatrix}1 & 0\\ 0 & -1\end{pmatrix}$　　(2)　$\begin{pmatrix}-1 & 0\\ 0 & -1\end{pmatrix}$　　(3)　$\begin{pmatrix}0 & 1\\ 1 & 0\end{pmatrix}$

(4)　$\begin{pmatrix}\dfrac{1}{\sqrt{2}} & -\dfrac{1}{\sqrt{2}}\\ \dfrac{1}{\sqrt{2}} & \dfrac{1}{\sqrt{2}}\end{pmatrix}$　　(5)　$\begin{pmatrix}k & 0\\ 0 & k\end{pmatrix}$

2．(1)　原点のまわりの-90 度の回転

(2)　x 軸方向に 3 倍して，x 軸に関して対称に移す

(3)　直線 $y=x$ への正射影

3．(11) 式を導くには，(4)を繰り返し用いて，

$$
\begin{aligned}
f(k_1x_1+k_2x_2+\cdots+k_nx_n)&=f(k_1x_1)+f(k_2x_2+\cdots+k_nx_n)\\
&=f(k_1x_1)+f(k_2x_2)+f(k_3x_3+\cdots+k_nx_n)\\
&=\cdots\cdots\\
&=f(k_1x_1)+f(k_2x_2)+\cdots+f(k_nx_n)
\end{aligned}
$$

ここで，(5)を用いる．また，(4)，(5)は (11) の特別な場合である．

4．$\boldsymbol{a}_1=\begin{pmatrix} a_{11} \\ a_{21} \\ a_{31} \end{pmatrix}$, $\boldsymbol{a}_2=\begin{pmatrix} a_{12} \\ a_{22} \\ a_{32} \end{pmatrix}$, $\boldsymbol{a}_3=\begin{pmatrix} a_{13} \\ a_{23} \\ a_{33} \end{pmatrix}$

5．(1) $\begin{pmatrix} -1 & 0 & 0 \\ 0 & 1 & 0 \\ 0 & 0 & 1 \end{pmatrix}$　(2) $\begin{pmatrix} 0 & 1 & 0 \\ 1 & 0 & 0 \\ 0 & 0 & -1 \end{pmatrix}$

(3) $\begin{pmatrix} 1 & 0 & 0 \\ 0 & 1 & 0 \\ 0 & 0 & 0 \end{pmatrix}$　(4) $\frac{1}{3}\begin{pmatrix} 1 & 1 & 1 \\ 1 & 1 & 1 \\ 1 & 1 & 1 \end{pmatrix}$

6．$a_{11}h$, $a_{21}h$

7．$\begin{pmatrix} \cos\theta & -r\sin\theta \\ \sin\theta & r\cos\theta \end{pmatrix}$

練習問題 3　(☞問題 *45* ページ)

1．(1) $\begin{pmatrix} 50 \\ 35 \end{pmatrix}$　(2) $\begin{pmatrix} 3 & -24 \\ -4 & -1 \\ 21 & 12 \end{pmatrix}$

3．(1) $AB=\begin{pmatrix} 44 & 48 \\ 84 & 30 \end{pmatrix}$, $BA=\begin{pmatrix} 34 & 93 & 52 \\ 32 & 24 & 32 \\ 10 & 30 & 16 \end{pmatrix}$

(2) $AB=(11)$, $BA=\begin{pmatrix} 0 & 0 & 0 \\ 6 & 15 & -3 \\ 8 & 20 & -4 \end{pmatrix}$

4．(1) 2次の対角行列　(2) 中央の要素に関して点対称な3次の正方行列

5．(1) $A^2+2AB+BA+2B^2$　(2) $A^3-A^2B+BA^2+AB^2-BAB+B^3$

(3) $A^3+A^2B+ABA+BA^2+AB^2+BAB+B^2A+B^3$

6．(1) $\begin{pmatrix} 0 & 1 & 0 \\ 0 & 0 & 1 \\ 1 & 0 & 0 \end{pmatrix}$　(2) $\begin{pmatrix} 2 & 0 & 0 \\ 0 & 1 & 0 \\ 0 & -1 & 1 \end{pmatrix}$　(3) $\begin{pmatrix} 1 & 1 & 1 \\ 0 & 1 & 1 \\ 0 & 0 & 1 \end{pmatrix}$

7．(1) 第2列が k 倍，第3列が h 倍される．

(2) 第1列の k 倍と第2列の h 倍を第3列に加える．

(3) 第1列と第3列を交換する．

8．(1)，(2)　右図

(3)　$(a+bi)(x+yi)$ の実部，虚部と $(aE+bJ)\boldsymbol{x}$ の成分を比較せよ．

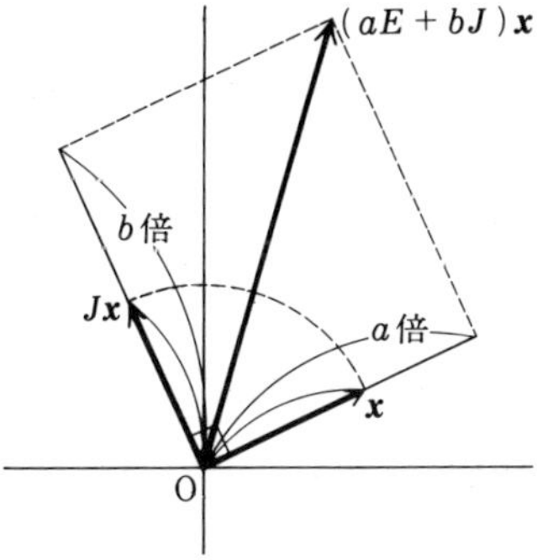

練習問題 4　(☞問題 *60* ページ)

1．2：3：5

2．360　　3．$S=|a_{11}a_{22}-a_{21}a_{12}|$

4．$a_{11}=r_1\cos\theta_1$，$a_{21}=r_1\sin\theta_1$，$a_{12}=r_2\cos\theta_2$，$a_{22}=r_2\sin\theta_2$ を用いる．

5．(1)　$\boldsymbol{a}/\!/\boldsymbol{b}$　　(2)　$\boldsymbol{a}\perp\boldsymbol{b}$　　(3)　$\pm r^2$，0

6．(1)　$9\sqrt{6}$　　(2)　(7，5，0)，(2，4，0) を 2 辺とする三角形の面積 9．

7．四面体は平行六面体の $\frac{1}{6}$．122

8．平行六面体の 6 個の面を表す．(14)で $k_4=0$ とおくと，この平行六面体になる．

練習問題 5　(☞問題 *75* ページ)

1．$\boldsymbol{a}_1=\begin{pmatrix}a_{11}\\a_{21}\end{pmatrix}$，$\boldsymbol{a}_2=\begin{pmatrix}a_{12}\\a_{22}\end{pmatrix}$ とおくと，右図の 2 つの平行四辺形の面積が等しい．

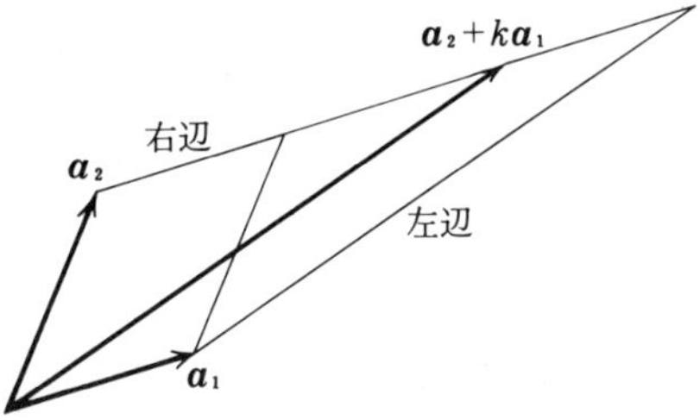

3．(1)　36　　(2)　-1

4．(1)　$(a^2-b^2)c+(b^2-c^2)a+(c^2-a^2)b=(a-b)(b-c)(c-a)$

(2)　$-\{a^3(b-c)+b^3(c-a)+c^3(a-b)\}=(a-b)(b-c)(c-a)(a+b+c)$

(3)　第 1 行に第 2 行と第 3 行を加えると，因数 $a+b+c$ が出る．

$$a^3+b^3+c^3-3abc=(a+b+c)(a^2+b^2+c^2-ab-bc-ca)$$

5．(1)　204　　(2)　-462

6．各順列の転倒の数と，対応する項の符号を示す．

1234	0	+	2134	1	−	3124	2	+	4123	3	−
1342	2	+	2341	3	−	3241	4	+	4231	5	−
1423	2	+	2413	3	−	3412	4	+	4312	5	−
1243	1	−	2143	2	+	3142	3	−	4132	4	+
1432	3	−	2431	4	+	3421	5	−	4321	6	+
1324	1	−	2314	2	+	3214	3	−	4213	4	+

8．53，51，54，52，31，32，86，87，81，84，82，61，64，62，97，91，94，92，71，74，72，42

互換（48）を施すとき，84はなくなる．8と4の間にある6，9，7，1との関係を調べると，86，64，87，74がなくなる．また，94→98，81→41となり，全体として5個少なくなる．

練習問題6　(☞問題 *89* ページ)

1．(1)　$x_1=-1,\ x_2=2$　　(2)　$x=-\dfrac{61}{73},\ y=\dfrac{18}{73}$

(3)　$x_1=2,\ x_2=-1,\ x_3=3$

(4)　$x=2,\ y=\dfrac{15}{7},\ z=-\dfrac{12}{7}$

4．(1)　10次式

(2)　$\Delta=(a_1-a_2)(a_1-a_3)(a_1-a_4)(a_1-a_5)(a_2-a_3)(a_2-a_4)(a_2-a_5)\times(a_3-a_4)(a_3-a_5)(a_4-a_5)$

5．(1)　$x_1=18,\ x_2=-23,\ x_3=11$

(2)　$x_1=74,\ x_2=-55,\ x_3=23,\ x_4=-22$

6．$A:B:C:D$

$$=\begin{vmatrix} y_1 & z_1 & 1 \\ y_2 & z_2 & 1 \\ y_3 & z_3 & 1 \end{vmatrix} : -\begin{vmatrix} x_1 & z_1 & 1 \\ x_2 & z_2 & 1 \\ x_3 & z_3 & 1 \end{vmatrix} : \begin{vmatrix} x_1 & y_1 & 1 \\ x_2 & y_2 & 1 \\ x_3 & y_3 & 1 \end{vmatrix} : -\begin{vmatrix} x_1 & y_1 & z_1 \\ x_2 & y_2 & z_2 \\ x_3 & y_3 & z_3 \end{vmatrix}$$

$x-y+z-6=0$

7．(1)　円の一般式　$x^2+y^2+ax+by+c=0$ から

$$\begin{vmatrix} x^2+y^2 & x & y & 1 \\ x_1^2+y_1^2 & x_1 & y_1 & 1 \\ x_2^2+y_2^2 & x_2 & y_2 & 1 \\ x_3^2+y_3^2 & x_3 & y_3 & 1 \end{vmatrix}=0$$

(2)
$$\begin{vmatrix} y & x^2 & x & 1 \\ y_1 & x_1^2 & x_1 & 1 \\ y_2 & x_2^2 & x_2 & 1 \\ y_3 & x_3^2 & x_3 & 1 \end{vmatrix}=0$$

練習問題 7　(☞問題 *103* ページ)

2．$|AB|=\begin{vmatrix} a_{11}b_{11}+a_{12}b_{21}+a_{13}b_{31} & a_{11}b_{12}+a_{12}b_{22}+a_{13}b_{32} & a_{11}b_{13}+a_{12}b_{23}+a_{13}b_{33} \\ a_{21}b_{11}+a_{22}b_{21}+a_{23}b_{31} & a_{21}b_{12}+a_{22}b_{22}+a_{23}b_{32} & a_{21}b_{13}+a_{22}b_{23}+a_{23}b_{33} \\ a_{31}b_{11}+a_{32}b_{21}+a_{33}b_{31} & a_{31}b_{12}+a_{32}b_{22}+a_{33}b_{32} & a_{31}b_{13}+a_{32}b_{23}+a_{33}b_{33} \end{vmatrix}$

に基本性質［2］を適用すると27個の行列式の和になるが，そのうち21個は0になり，残り6個が $|A|$ に B の要素をかけたものになる．これらを $|A|$ でくくると，係数が $|B|$ になる．

3．$A=\begin{pmatrix} a_1 & b_1 & c_1 \\ a_2 & b_2 & c_2 \\ a_3 & b_3 & c_3 \end{pmatrix}$ とおくと，$\varDelta=|{}^tAA|=|{}^tA||A|=|A|^2$

5．(1) $\begin{pmatrix} 0 & 2 & -1 \\ -\frac{1}{10} & -\frac{33}{10} & 2 \\ \frac{1}{5} & \frac{8}{5} & -1 \end{pmatrix}$　(2) $\begin{pmatrix} -\frac{8}{15} & -\frac{14}{15} & -\frac{3}{5} \\ -\frac{19}{15} & -\frac{22}{15} & -\frac{4}{5} \\ \frac{2}{5} & \frac{1}{5} & \frac{1}{5} \end{pmatrix}$

6．(1) $x=5,\ y=-7,\ z=4$

(2) $x=2,\ y=5,\ z=-3$

8．$\begin{pmatrix} 1 & 0 & 0 \\ 0 & 1 & 1 \\ 0 & 0 & 1 \end{pmatrix}\begin{pmatrix} 1 & 0 & -5 \\ 0 & 1 & 0 \\ 0 & 0 & 1 \end{pmatrix}\begin{pmatrix} 1 & 0 & 0 \\ 0 & 1 & 0 \\ 0 & 0 & -\frac{1}{5} \end{pmatrix}\begin{pmatrix} 1 & 0 & 0 \\ 0 & 1 & 0 \\ 0 & 2 & 1 \end{pmatrix}\begin{pmatrix} 1 & -2 & 0 \\ 0 & 1 & 0 \\ 0 & 0 & 1 \end{pmatrix}$

$\times\begin{pmatrix} 1 & 0 & 0 \\ 0 & -1 & 0 \\ 0 & 0 & 1 \end{pmatrix}\begin{pmatrix} 1 & 0 & 0 \\ 0 & 1 & 0 \\ -3 & 0 & 1 \end{pmatrix}\begin{pmatrix} 1 & 0 & 0 \\ -2 & 1 & 0 \\ 0 & 0 & 1 \end{pmatrix}=\begin{pmatrix} -2 & 0 & 1 \\ \frac{9}{5} & -\frac{3}{5} & -\frac{1}{5} \\ -\frac{1}{5} & \frac{2}{5} & -\frac{1}{5} \end{pmatrix}$

9．(1) $\begin{pmatrix} -\frac{5}{2} & 2 \\ \frac{3}{2} & -1 \end{pmatrix}$　(2) $\begin{pmatrix} -\frac{13}{3} & \frac{4}{3} & \frac{1}{3} \\ \frac{11}{3} & -\frac{5}{3} & \frac{1}{3} \\ -\frac{2}{3} & \frac{2}{3} & -\frac{1}{3} \end{pmatrix}$

練習問題 8　(☞問題 117 ページ)

1．(1)　3 本とも $-5:3:1$

(2)　$l:(-1,\ 2,\ 0)$, $m:\left(\frac{5}{3},\ -\frac{2}{3},\ 0\right)$, $n:(5,\ -2,\ 0)$

2．$\boldsymbol{a}_1=-\frac{1}{A_{11}}(A_{12}\boldsymbol{a}_2+A_{13}\boldsymbol{a}_3)$

3．(1)　$\begin{vmatrix} 7 & 2 & 5 \\ 4 & 0 & 1 \\ 8 & 3 & 6 \end{vmatrix} \neq 0$ を示す．

(2)　$\boldsymbol{x}=\frac{1}{7}\{(-3x_1+3x_2+2x_3)\boldsymbol{a}+(-16x_1+2x_2+13x_3)\boldsymbol{b}+(12x_1-5x_2-8x_3)\boldsymbol{c}\}$

4．(1)　2　　(3)　3

5．$k_1A\boldsymbol{a}_1+k_2A\boldsymbol{a}_2+\cdots+k_mA\boldsymbol{a}_m=0$ と仮定して $k_1=k_2=\cdots=k_m=0$ を導く．

6．$A=\begin{pmatrix} 1 & 0 \\ 0 & 0 \end{pmatrix}$, $B=\begin{pmatrix} 0 & 0 \\ 1 & 1 \end{pmatrix}$

7．(1)　AB の列ベクトルは A の列ベクトルの 1 次結合になることを使う．

(2)　行ベクトルについて考える．転置行列に(1)の結果を適用してもよい．

(3)　$A+B$ の列ベクトルは A と B の列ベクトルの張る空間に入っている．

8．(1)　$\begin{cases} x=5c+1 \\ y=-8c+1 \\ z=c \end{cases}$

(c は任意定数)

(2)　$\begin{cases} x_1=11c_1-5c_2-7 \\ x_2=-5c_1+c_2+4 \\ x_3=c_1 \\ x_4=c_2 \end{cases}$

(c_1, c_2 は任意定数)

(3)　$\begin{cases} x_1=3c-4 \\ x_2=-2c+2 \\ x_3=-4c+5 \\ x_4=c \end{cases}$

(c は任意定数)

練習問題 9　(☞問題 *132* ページ)

2．$\boldsymbol{x}=\boldsymbol{e}_j$ とおけば，A，B の第 j 列が等しいことがわかる．

3．前半は成分で表す．

4．X が直交行列 ⇔ ${}^tX$ が直交行列を使う．

6．(1)　5，6；$c_1\begin{pmatrix} 4 \\ -3 \end{pmatrix}$，$c_2\begin{pmatrix} 1 \\ -1 \end{pmatrix}$

(2)　4，-7；$c_1\begin{pmatrix} 3 \\ 2 \end{pmatrix}$，$c_2\begin{pmatrix} 1 \\ -3 \end{pmatrix}$

(3)　2，-1，-3；$c_1\begin{pmatrix} 14 \\ 5 \\ -2 \end{pmatrix}$，$c_2\begin{pmatrix} 5 \\ 1 \\ -2 \end{pmatrix}$，$c_3\begin{pmatrix} 2 \\ 0 \\ -1 \end{pmatrix}$

(c_1，c_2，c_3 は 0 でない実数)

7．(1)　$\begin{pmatrix} 5 & 0 \\ 0 & 6 \end{pmatrix}$　(2)　$\begin{pmatrix} 4 & 0 \\ 0 & -7 \end{pmatrix}$　(3)　$\begin{pmatrix} 2 & 0 & 0 \\ 0 & -1 & 0 \\ 0 & 0 & -3 \end{pmatrix}$

8．(1)　0，2；直線 $y=-x$ への正射影を原点を中心として 2 倍に拡大

(2)　$1\pm i$；原点を中心として45度回転してから $\sqrt{2}$ 倍に拡大

(3)　2（2 重）；左上方（直線 $y=-x$ に平行）に $\dfrac{1}{\sqrt{2}}(x+y)$ 移動してから，原点を中心に 2 倍に拡大

練習問題10　(☞問題 *146* ページ)

1．$(1+h)X^2+(1-h)Y^2=1$.

$|h|<1$ のとき楕円，$|h|=1$ のとき平行な 2 直線，$|h|>1$ のとき双曲線

2．(1)　$\begin{pmatrix} 0 & -c \\ c & 0 \end{pmatrix}$　(2)　$A=\begin{pmatrix} 3 & 4 \\ 4 & 2 \end{pmatrix}+\begin{pmatrix} 0 & 3 \\ -3 & 0 \end{pmatrix}$

(3)　$A=B+C$，$B=\dfrac{1}{2}(A+{}^tA)$，$C=\dfrac{1}{2}(A-{}^tA)$

3．(1)，(3)は正しい．(2)は誤り．

4．(1)　$(x\quad y)\begin{pmatrix} 3 & -4 \\ -4 & 4 \end{pmatrix}\begin{pmatrix} x \\ y \end{pmatrix}$　(2)　$(x\quad y\quad z)\begin{pmatrix} 5 & 2 & -1 \\ 2 & 2 & 3 \\ -1 & 3 & 4 \end{pmatrix}\begin{pmatrix} x \\ y \\ z \end{pmatrix}$

5．(1)　$T=\frac{1}{\sqrt{2}}\begin{pmatrix} 1 & 1 \\ -1 & 1 \end{pmatrix}$, $B=\begin{pmatrix} 1 & 0 \\ 0 & 7 \end{pmatrix}$

(2)　$T=\frac{1}{\sqrt{5}}\begin{pmatrix} 2 & -1 \\ 1 & 2 \end{pmatrix}$, $B=\begin{pmatrix} 8 & 0 \\ 0 & -7 \end{pmatrix}$

(3)　$T=\frac{1}{\sqrt{13}}\begin{pmatrix} 2 & -3 \\ 3 & 2 \end{pmatrix}$, $B=\begin{pmatrix} 13 & 0 \\ 0 & 0 \end{pmatrix}$

(4)　$T=\begin{pmatrix} \frac{1}{\sqrt{2}} & \frac{1}{\sqrt{6}} & \frac{1}{\sqrt{3}} \\ 0 & -\frac{2}{\sqrt{6}} & \frac{1}{\sqrt{3}} \\ -\frac{1}{\sqrt{2}} & \frac{1}{\sqrt{6}} & \frac{1}{\sqrt{3}} \end{pmatrix}$, $B=\begin{pmatrix} 1 & 0 & 0 \\ 0 & 3 & 0 \\ 0 & 0 & 6 \end{pmatrix}$

(5)　$T=\begin{pmatrix} \frac{1}{\sqrt{3}} & \frac{1}{\sqrt{2}} & \frac{1}{\sqrt{6}} \\ -\frac{1}{\sqrt{3}} & \frac{1}{\sqrt{2}} & -\frac{1}{\sqrt{6}} \\ \frac{1}{\sqrt{3}} & 0 & -\frac{2}{\sqrt{6}} \end{pmatrix}$, $B=\begin{pmatrix} 5 & 0 & 0 \\ 0 & -1 & 0 \\ 0 & 0 & -1 \end{pmatrix}$

6．(1)　X^2+7Y^2　　(2)　$8X^2-7Y^2$　　(3)　$13X^2$　　(4)　$X^2+3Y^2+6Z^2$

(5)　$5X^2-Y^2-Z^2$

7．(1)　X^2+Y^2　　(2)　X^2-Y^2　　(3)　X^2　　(4)　$X^2+Y^2+Z^2$

(5)　$X^2-Y^2-Z^2$

8．(1)　$\begin{pmatrix} x \\ y \end{pmatrix}=\frac{1}{\sqrt{5}}\begin{pmatrix} 2 & 1 \\ -1 & 2 \end{pmatrix}\begin{pmatrix} X \\ Y \end{pmatrix}$ により，$\frac{X^2}{9}+\frac{Y^2}{4}=1$

(2)　$\begin{pmatrix} x \\ y \end{pmatrix}=\frac{1}{\sqrt{5}}\begin{pmatrix} 1 & -2 \\ 2 & 1 \end{pmatrix}\begin{pmatrix} X \\ Y \end{pmatrix}$ により，$\frac{X^2}{4}-Y^2=1$

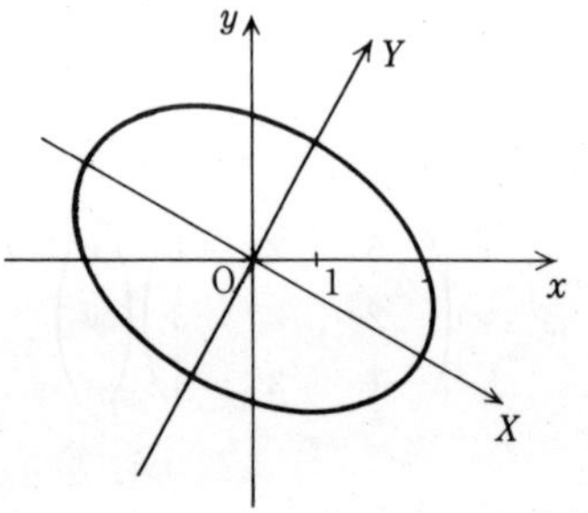

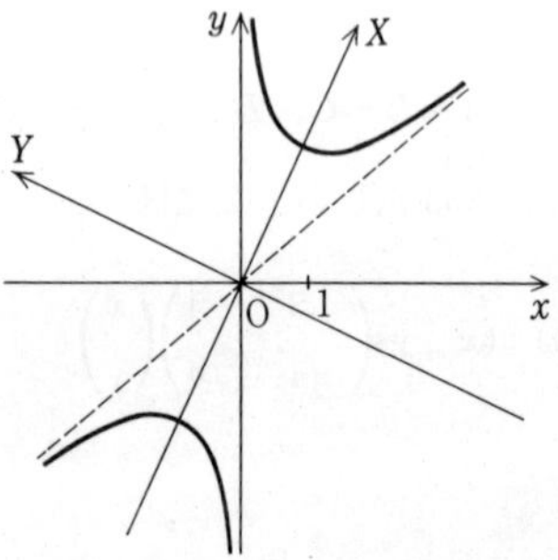

9．$X^2+Y^2+Z^2=1$ のとき直交変換による標準形のとる値を調べる．

(4)　最大値 6，最小値 1　　(5)　最大値 5，最小値 -1

練習問題11　(☞問題 *158* ページ)

1．$\boldsymbol{x}=k_1\boldsymbol{a}_1+k_2\boldsymbol{a}_2+\cdots+k_n\boldsymbol{a}_n=h_1\boldsymbol{a}_1+h_2\boldsymbol{a}_2+\cdots+h_n\boldsymbol{a}_n$($\boldsymbol{a}_1$，$\boldsymbol{a}_2$，…，$\boldsymbol{a}_n$ は基底) とおいて，$k_i=h_i$ $(i=1,\ 2,\ \cdots,\ n)$ を導け．

2．$\boldsymbol{a}_i'=\boldsymbol{a}_i+k\boldsymbol{a}_j$ のとき，$\boldsymbol{a}_i'\in[\boldsymbol{a}_1,\ \cdots,\ \boldsymbol{a}_i,\ \cdots,\ \boldsymbol{a}_n]$．

一方，$\boldsymbol{a}_i=\boldsymbol{a}_i'-k\boldsymbol{a}_j$ から $\boldsymbol{a}_i\in[\boldsymbol{a}_1,\ \cdots,\ \boldsymbol{a}_i',\ \cdots,\ \boldsymbol{a}_n]$．

よって，$[\boldsymbol{a}_1,\ \cdots,\ \boldsymbol{a}_i,\ \cdots,\ \boldsymbol{a}_n]=[\boldsymbol{a}_1,\ \cdots,\ \boldsymbol{a}_i',\ \cdots,\ \boldsymbol{a}_n]$．

3．$k_1\boldsymbol{a}+k_2\boldsymbol{b}+k_k\boldsymbol{c}=\boldsymbol{0}$ と仮定して，$k_1=k_2=k_3=0$ を導く．

4．$\boldsymbol{a}_1$，$\boldsymbol{a}_2$，$\boldsymbol{a}_3$ が 1 次独立で，$\boldsymbol{a}_4\in[\boldsymbol{a}_1,\ \boldsymbol{a}_2,\ \boldsymbol{a}_3]$ となることを示す．

5．1 個の場合は自明だから帰納法を用いる．$\boldsymbol{a}_1$，$\boldsymbol{a}_2$，…，$\boldsymbol{a}_k$ が 1 次独立で，$\boldsymbol{a}_{k+1}=c_1\boldsymbol{a}_1+\cdots+c_k\boldsymbol{a}_k$ のとき，両辺に A を施して元の式の λ_{k+1} 倍と比較する．

6．$A^n\boldsymbol{x}=\lambda^n\boldsymbol{x}$ を言う．

7．T の列ベクトルを $\boldsymbol{x}_1$，$\boldsymbol{x}_2$，…，$\boldsymbol{x}_n$，B の対角要素を λ_1，λ_2，…，λ_n とし，$AT=TB$ の両辺の第 j 列を比較する．（本文第 9 章 **4**．参照）

8．$B(T^{-1}\boldsymbol{x})=\lambda T^{-1}\boldsymbol{x}$ を示す．

練習問題12　(☞問題 *173* ページ)

1．(1)　A^3+3A^2+3A+E　　(2)　A^3+E

2．どちらも誤り．たとえば，$A=\begin{pmatrix}0 & 1\\ 0 & 0\end{pmatrix}$，$B=\begin{pmatrix}0 & 2\\ 0 & 0\end{pmatrix}$ のとき，$A^2=B^2=0$．

$f(x)=x^2$，$g(x)=h(x)=x$ に対し，この A が(2)の反例も与える．

3．本文(6)式で，$r(x)=ax^2+bx+c$ とおくと，$f(A)=aA^2+bA+cE$．ここで，係数は

$$a\lambda_i^2+b\lambda_i+c=f(\lambda_i)\qquad(i=1,\ 2,\ 3)$$

から得られる．

$$a=\frac{f(\lambda_1)}{(\lambda_1-\lambda_2)(\lambda_1-\lambda_3)}+\frac{f(\lambda_2)}{(\lambda_2-\lambda_1)(\lambda_2-\lambda_3)}+\frac{f(\lambda_3)}{(\lambda_3-\lambda_1)(\lambda_3-\lambda_2)}$$

$$b=-\frac{(\lambda_2+\lambda_3)f(\lambda_1)}{(\lambda_1-\lambda_2)(\lambda_1-\lambda_3)}-\frac{(\lambda_1+\lambda_3)f(\lambda_2)}{(\lambda_2-\lambda_1)(\lambda_2-\lambda_3)}-\frac{(\lambda_1+\lambda_2)f(\lambda_3)}{(\lambda_3-\lambda_1)(\lambda_3-\lambda_2)}$$

$$c=\frac{\lambda_2\lambda_3f(\lambda_1)}{(\lambda_1-\lambda_2)(\lambda_1-\lambda_3)}+\frac{\lambda_1\lambda_3f(\lambda_2)}{(\lambda_2-\lambda_1)(\lambda_2-\lambda_3)}+\frac{\lambda_1\lambda_2f(\lambda_3)}{(\lambda_3-\lambda_1)(\lambda_3-\lambda_2)}$$

4．$(a_{i1}b_{1j}+a_{i2}b_{2j})^2 \leqq (a_{i1}^2+a_{i2}^2)(b_{1j}^2+b_{2j}^2)$ を用いる．等号は，$A=O$ または $B=O$ または A の２つの行と B の２つの列の成分が（０を含む比を適当に定めて）すべて比例するとき成り立つ．

5．$\sin A = A - \frac{1}{3!}A^3 + \frac{1}{5!}A^5 - \frac{1}{7!}A^7 + \cdots$

$\cos A = E - \frac{1}{2!}A^2 + \frac{1}{4!}A^4 - \frac{1}{6!}A^6 + \cdots$

$$\sin A = \frac{1}{4}\begin{pmatrix} \sin 5 + 3\sin 1 & 3\sin 5 - 3\sin 1 \\ \sin 5 - \sin 1 & 3\sin 5 + \sin 1 \end{pmatrix}$$

$\cos A$ も同様．

6．$e^t\begin{pmatrix} \cos t & -\sin t \\ \sin t & \cos t \end{pmatrix}$

7．(2)　$|\boldsymbol{a}|^2|\boldsymbol{b}|^2 - |(\boldsymbol{a}, \boldsymbol{b})|^2 = |\alpha_1\beta_2 - \alpha_2\beta_1|^2 \geqq 0$

8．奇数を１，偶数を０で表し，$A' = \begin{pmatrix} 0 & 1 \\ 1 & 0 \end{pmatrix}$ とおくと，

$$A'^n = \begin{cases} A' & (n\text{ が奇数}) \\ E & (n\text{ が偶数}) \end{cases}$$

よって，奇数か偶数かは，n が奇数のとき x と y'，y と x' が一致し，n が偶数のとき，x と x'，y と y' が一致する．

索　引

い　1次結合　9
1次変換　21, 24
1次従属　111
1次独立　111
位置ベクトル　8
一般解　106, 116
う　ヴァンデルモンドの行列式　86
え　エルミート行列　170
か　階数　113
外積　59
可換　41
き　奇順列　72
基底　112
基本行変形　44
基本ベクトル　13, 169
基本列変形　45
逆行列　94
行同値　44
行変形　44
行列　27
行列式　52, 53, 58
共面　108
く　偶順列　72
クラメルの公式　78, 82
こ　交代性（行列式の）　64
互換　72
固有多項式　129
固有値　128
固有ベクトル　128
さ　サラスの規則　59
三角行列式　74
し　次元　112
実行列　162
自明な解　86
主対角線　65
小行列式　56, 113
消去の定理　87
す　数ベクトル　14
スカラー　8
せ　正規直交系　123
斉次連立1次方程式　86
正則　95
正方行列　27
線形空間　8
線形写像　21, 24
線形性（行列式の）　63
前進後退法　147
そ　像空間　114
相似（正方行列の）　125
た　対角化　126
対角要素　40, 52
対称性（行列式の）　65
対称行列　43, 138
縦ベクトル　22
単位行列　40
ち　直交行列　124
直交変換　122
て　転置　42, 65
転置行列　42
転倒の数（順列の）　72

と　特性方程式　128
　　特解（連立1次方程式の）　110
な　内積（数ベクトルの）　16
に　2次形式　138
は　掃き出し法　97
ひ　左手系　54
　　標準基底　13, 169
　　標準形（2次形式の）　144
ふ　複素行列　162
　　複素ベクトル　168
　　部分空間　9, 112
へ　ベクトル空間　8
　　変換した行列　125
ま　マトリックス　22
み　右手系　54
ゆ　ユニタリ行列　170
よ　余因数　66, 91
　　横ベクトル　22
ら　ランク　115
れ　零行列　40
　　列変形　45

著者紹介

安　藤　四　郎（あんどう　しろう）

1928年神奈川県に生る．
1950年：東京大学理学部数学科卒業．
　　　　法政大学名誉教授
主な著書：楕円積分・楕円関数入門（日新出版）
　　　　　工科系のための線形代数（共著，裳華房）

常識としての
線形代数

2008 年 5 月 15 日　　　　初版 1 刷発行

著　者　　安藤　四郎
発行者　　富田　栄
発行所　　株式会社　現代数学社
　　　　　〒606-8425　京都市左京区鹿ヶ谷西寺ノ前町1
　　　　　TEL&FAX 075(751)0727　振替01010-8-11144
　　　　　http://www.gensu.co.jp/

印刷・製本　　牟禮印刷株式会社

ISBN 978-4-7687-0382-3